建筑工程符号学
——BIM 基础理论

Construction Engineering Semiotics
—Basic Theory of BIM

任世贤 著

JIANZHU GONGCHENG
FUHAOXUE

高等教育出版社·北京

内容简介

这是一本关于 BIM 基础理论的专著。全书共有 2 篇 8 章。第一篇导论,包括 2 章:第 1 章介绍 BIM 产生与发展的历史;第 2 章介绍建筑信息模型(BIM)。第二篇 BIM 理论与 BIM 软件开发理念,包括 6 章:第 3 章介绍建筑信息模型(BIM)的相关理论;第 4 章介绍 BIM 工程项目管理理论和方法软件;第 5 章介绍 BIM 设计软件;第 6 章介绍 BIM 建造管理软件;第 7 章介绍 BIM 企业信息平台;第 8 章介绍 BIM 项目运营软件和物业 BIM 项目运营软件。第一篇发现、挖掘和提炼了 BIM 术语,揭示了 BIM 术语的序列性及其之间的内在联系与相容性,在此基础上给出 BIM 术语的创新定义和拓展内涵;第二篇在各专门篇章中检验 BIM 术语稳定性和准确性的基础上,建立了 BIM 图形模拟设计理论链和 BIM 应用理论链。

本书的读者对象为从事土木建筑工程的管理人员、技术人员和高等院校工程管理专业的本科生、研究生、博士生及授课教师,也可作为相关工程管理、工程建设监理和工程咨询从业人员的案头参考读物。

图书在版编目(CIP)数据

建筑工程符号学:BIM 基础理论 / 任世贤著 . -- 北京:高等教育出版社,2020. 12
 ISBN 978-7-04-055099-3

Ⅰ.①建… Ⅱ.①任… Ⅲ.①建筑设计 - 计算机辅助设计 - 应用软件 Ⅳ.① TU201.4

中国版本图书馆 CIP 数据核字(2020)第 192935 号

策划编辑	刘占伟	责任编辑 刘占伟 任辛欣	封面设计 杨立新	版式设计	杜微言
插图绘制	邓 超	责任校对 刁丽丽	责任印制 耿 轩		

出版发行	高等教育出版社		网 址	http://www.hep.edu.cn
社 址	北京市西城区德外大街4号			http://www.hep.com.cn
邮政编码	100120		网上订购	http://www.hepmall.com.cn
印 刷	北京信彩瑞禾印刷厂			http://www.hepmall.com
开 本	787mm×1092mm 1/16			http://www.hepmall.cn
印 张	8			
字 数	180 千字		版 次	2020年12月第1版
购书热线	010-58581118		印 次	2020年12月第1次印刷
咨询电话	400-810-0598		定 价	99.00 元

本书如有缺页、倒页、脱页等质量问题,请到所购图书销售部门联系调换
版权所有 侵权必究
物 料 号 55099-00

前　言

　　建筑工程符号学——BIM 基础理论 (以下简称建筑工程符号学) 是作者本人新研究成果的命名。

　　科学理念对于建筑工程符号学的研究具有重要意义。

　　《BANT 网络计划技术——没有逆向计算程序的网络计划技术》和《工程统筹技术》是作者已经出版的两本专著。作者将这两本专著研究的成果称为结构符号网络计划 (或 BANT 计划),并将符号学引入网络计划技术的研究中。作者认为,计划曲线模型与计划数学模型之间存在对应关系,这两本专著正是得益于此科学理念; 同时,BANT 网络计划技术软件的成功开发证明了该理念的正确性。

　　上古结绳记事 → 横道图 → 双代号网络计划 → 单代号网络计划 → 结构符号网络计划 → 建筑信息模型 (BIM),这是一个从计划思维的孕育到工程项目管理的历史进化过程,作者称之为项目管理历史概念类集 (何新. 泛演化逻辑引论. 北京: 时事出版社, 2005),它揭示了人类管理技术发展的必由之路。

　　建筑信息模型第一次揭示了建设项目的 BIM 生命周期,将传统设计浪费的数据资源利用起来,从而产生了 BIM 技术。这是在人类管理思想和技术发展的历史过程中绽放的奇葩,属于工程管理范畴,它是人类管理思想和方法综合的产物。BIM 技术是在大数据的背景下产生的,因此它是建设项目的大数据。BIM 技术的产生标志建设项目管理崭新模式的诞生,这就是 BIM 工程项目管理。BIM 工程项目管理是建筑工程全过程的管理,它包含了建设项目设计、建造和运营管理。

　　现代符号学作为一个跨学科研究方法的学科,历史悠久、学派林立、博大精深、内涵深厚。在作者研究网络计划技术的 20 年中,认为能指、所指和意指是研究符号学的基本框架。能指和所指都具有确定性,并且都具有符号历史概念类集特性; 意指具有解释特性——完成能指和所指和谐性的阐释。应用此科学理念,作者成功地取得了结构符号网络计划研究的突破,并成功开发了 BANT 网络计划技术软件。作者深信,在结构符号网络计划研究成果的基础上,此理念也将引导我们获得 BIM 技术基础理论研究的突破。

　　基于仿真的数据化方法是第三次工业革命的产物,称为图形仿真模拟数字工程技术。显然,数字工程是一种模拟图形的数据化方法。通过将数字工程的概念引入建筑信息模型,并在建设项目模拟图形模型与其数据模型之间建立起对应联系,就得到建设项目的 BIM 模拟图形设计模型,用其获得的模拟图形数据可以再现建设项目的虚拟图形,称为 BIM 模拟数字工程技术,简称 BIM 数字工程。BIM 数字工程将建设项目复杂多变、离散、非结构化的信息转变为可度量的数据、数据集合,这是第四次工业革命新的数据化方法。在建筑信息模型中，BIM 技术属于工程技术层次。BIM 技术是依据 CAD 技术发展起来的信息模型集成技术，是一种崭新的信息技术，模拟图形是其本质，通过模拟图形获得模拟图形数据，并用该数据再现建设项目的真实图形是其亮点与创新。BIM 技术本质上是一个关于建设项目软件的概念，这是一个关于图形化和数据化、相容性和协同化的概念。

什么是建筑工程符号学？

建筑信息模型有两个层面：作为技术层面，BIM 技术是建设项目的信息化集成技术模型，它应实现建设项目图形化和建设项目图形的数据化，为参与各方提供全方位的有效数据源，并可以利用这些数据实现建设项目的建造和运营；作为理论层面，BIM 具有自身的系统机制，它应反映建设项目系统元素所处的环境和条件，反映元素之间的内在联系，反映系统结构的相容性。

基于 BIM 的理论层面，建筑工程符号学欲将 BIM 规划和设计为这样的模型：它应实现建设项目的图形化，称为建筑信息模型的能指，简称 BIM 能指，通常称为 BIM 图形模型；它应实现建设项目的数据化，称为建筑信息模型的所指，简称 BIM 所指，通常称为 BIM 数据模型。于是，有这样具体的定义：建筑工程设计阶段的图形模型和数据模型分别称为 BIM 模拟图形能指和 BIM 模拟图形所指；建筑工程建造阶段的图形模型和数据模型分别称为 BIM 计划能指和 BIM 计划所指。

依据符号学理论，BIM 能指 (BIM 图形模型) 和 BIM 所指 (BIM 数据模型) 之间存在对应关系，称为 BIM 同一性。BIM 意指则是对二者的内涵和 BIM 同一性的阐释。BIM 同一性具体表现为 BIM 建设项目图形化与数据化的相容性。

建筑工程符号学面对建设项目设计、建造和运营的全过程，并将建筑工程设计阶段称为 BIM 前生命周期，将建筑工程建造阶段称为中生命周期，将建筑工程运营阶段称为后生命周期，分别简称为前生命周期、中生命周期和后生命周期，三者统称为 BIM 生命周期。BIM 是一个以建筑工程符号学作为基础理论的信息系统，称为 BIM 系统。按照 BIM 生命周期，将 BIM 系统划分为 BIM 前生命周期子系统、BIM 中生命周期子系统和 BIM 后生命周期子系统。

建筑工程符号学是关于 BIM 的基础理论：在 BIM 前生命周期子系统中主要体现为 BIM 模拟图形和 BIM 数据库；在 BIM 中生命周期子系统中主要体现为 BIM 管理计划；在 BIM 后生命周期子系统中主要体现为 BIM 模拟图形以及与其相关资料的完整性与相容性。

建筑工程符号学是 BIM 软件开发的支撑理论。

作者研究结构符号网络计划技术 20 年，出版了关于网络计划技术的两本专著，成功开发了结构符号网络计划技术软件 (简称 BANT 3.0 软件)，标志我国已经掌握了世界网络计划技术和项目管理软件开发的核心技术。然而，在 BANT 3.0 软件的深化开发中，如何让用户方便、正确地获取建设项目数据的问题始终困扰着作者及其开发团队。当获悉国际上关于 BIM 研究的信息时，作者立即进行了集中学习和研究。在 BIM 的研究中，作者获得了较为深刻的理论认识；同时，发现了当前 BIM 研究中存在的 3 个问题：

(1) 国际上关于 BIM 的定义是不完整的;

(2) 未能建立 BIM 数据库;

(3) 不能开发理想的 BIM 项目管理软件。

上述 3 个问题分别是建筑工程符号学关于 BIM 定义的理论生长点、关于 BIM 数据库开发理论的生长点、关于 BIM 项目管理软件开发理论的生长点。具体论述这里就不展开了,详见正文。

关于 BIM 的研究,我国与发达国家基本是同步的。作为长期研究网络计划技术的学者,始终保持与科技发展同步。在研究工作的前期阶段,同我国大多数的研究者一样,作者本人研究的是 BIM 的工程技术,即 BIM 技术,实质上是跟踪研究和学习我国主要科研部门、设计院所和重点高校的研究成果。这一过程持续将近 6 年时间。在这个阶段中,发现我国大多数的企业面对 BIM 不知如何是好,曾经朝气勃勃的工程项目管理一下跌落入低谷;总体感觉到我国的研究工作进展缓慢,且没有实质性的突破。作者决定另辟蹊径,于是走向研究 BIM 技术的基础理论这一雷区。这可能是一条任重道远的艰辛之路,但作者义无反顾。

建筑工程符号学是作者应用符号学理论对 BIM 基础理论进行的跨学科的探索,是作者关于 BIM 研究成果的理论总结。如果本人的工作能为 BIM 基础理论的前沿研究做一点贡献,也就如愿以偿了。

建筑工程符号学具有自主知识产权,对中国软件企业取得 3D 核心建模软件的开发权具有重要意义。

任世贤

2020 年 4 月

目 录

第一篇 导 论

I

第二篇　BIM 理论与 BIM 软件开发理念

第 3 章　建筑信息模型的相关理论 · · · · · · · · · **61**

第 4 章　BIM 工程项目管理理论和方法软件 · · · · · **75**

第一篇

导　论

第 1 章　BIM 产生与发展的历史

建筑信息模型 (building information modeling, BIM) 属于工程管理范畴。迄今为止, 在国内外关于建筑信息模型的研究文献中, 尚未发现关于 BIM 基础理论的研究文献[1-6]。到目前为止, 美国国家 BIM 标准 (NBIMS) 已经发布了 3 个版本: 2007 年 12 月 1 日发布了第一版, 2012 年 5 月发布了第二版, 2015 年 7 月发布了第三版。这 3 个 NBIMS 标准除了 BIM 的定义和术语外, 主要涉及应用方面的内容。美国国家 BIM 标准第三版和它的前身一样, 也是一个基于多方共识的行业规范。Jeffrey Ouellette 是 buildingSMART 联盟和美国国家 NBIMS-USV3 的项目委员会副主席及 buildingSMART 国际实施支持小组 (ISG) 副主席。Ouellette 先生说: "美国国家 BIM 标准第三版的产生, 是美国各地以及产业内各个领域的许许多多志愿者共同努力的结果。而对他们的努力所能表示的最高认同, 就是将这个标准应用到建设工程产业的实际运作当中。"

建筑工程符号学——BIM 基础理论 (以下简称建筑工程符号学) 是作者本人新研究成果的命名。本书是作者关于 BIM 基础理论的思考与探索。

符号学可以阐释人类语言和人类语言行为的规律与规范化。作者第一个自觉地将符号学引入网络计划技术的研究领域, 并建立了符号学跨 BIM 学科研究理论。作者认为: BIM 图形模型和 BIM 数据模型之间存在内在联系, 前者称为 BIM 能指, 后者称为 BIM 所指, 二者之间的联系称为 BIM 同一性, 二者之间和谐共处, 这就是 BIM 相容性。对 BIM 图形模型和 BIM 数据模型自身内涵及其二者之间关系的解释称为 BIM 意指。

作者在其专著《工程统筹技术》[7] 中指出: 网络计划曲线模型与网络计划数学模型的同一性是网络计划技术应当遵循的符号学思维。该专著是在此思维指导下取得的关于网络计划技术的研究成果; BANT 网络计划技术软件是作者及其团队在此思维指导下取得的实用性开发成果。同《工程统筹技术》一样, 建筑工程符号学也是符号学跨学科的研究成果; 不同的是, 前者是符号学跨网络计划技术学科的应用研究成果, 而后者则是符号学跨建筑工程符号学学科基础理论的研究成果。

"建筑工程项目" 是本书的基本术语, 简称建筑项目, 它属于项目管理术语的范畴, 目标性是其基本特性。在本书中对建筑工程、建设工程、建筑工程项目和建设工程项目不作严格区分。根据我国《建设工程项目管理规范》[8] 第 2.0.1 条, 建设工程项目不仅包括 "小土木" 即工业与民用建筑, 还包括 "大土木" 即工程建设领域的各个相关行业, 例如公路桥梁、铁路隧道、水利水电、能源等。

本书严格区分网络计划技术[9] 和网络技术[10]。在这一前提下, 对网络计划、网络计划技术和网络计划系统则不作严格区分, 并且认为, 在通常情况下省略了 "网络" 二字的"计划""计划技术"和"计划系统结构"的意义也都是一样的。在通常情况下，本书将"网络计划"简称"计划"。术语"计划结构符号"和"计划绘图符号"的物理意义是完全相同的，在阐述中为了区分，用"结构符号"特指结构符号网络计划，而用"绘图符号"特指单、双代号网络计划 (或传统网络计划)。

BIM 技术贯穿建设工程的全过程。本书将建设工程设计阶段称为 BIM 前生命周期，将建设工程建造阶段称为 BIM 中生命周期，将建设工程运营阶段称为 BIM 后生命周期，统称 BIM 生命周期。BIM 是一个以建筑工程符号学作为基础理论的信息系统，称为 BIM 系统。按照 BIM 生命周期将 BIM 系统划分为 BIM 前生命周期子系统、BIM 中生命周期子系统和 BIM 后生命周期子系统。

在建筑工程符号学中涉及的术语称为 BIM 术语。本书严格区分 BIM 术语与非 BIM 术语。BIM 术语原则上要标注前缀"BIM"，例如 BIM 模拟图形设计。当可以确定是 BIM 术语时，可以省略前缀"BIM"。例如，"3D 模拟图形设计"省略了前缀"BIM"却没有改变其意义。在本书中前缀"4D"和前缀"5D"的物理意义与前缀"BIM"相似。例如，"4D 进度计划""5D 成本计划"和"4D 竣工资料核查软件"都是 BIM 的术语。

在本书中，如果一个 BIM 术语有两种表示方法，其表达的物理意义必须是一致的。例如，结构符号网络计划和 BANT 计划表达的物理意义是相同的、等价的，有这样两种表示方法：第一种，结构符号网络计划 (或 BANT 计划)；第二种，结构符号网络计划 | BANT 计划。又例如，建筑工程符号学——BIM 基础理论 | 建筑工程符号学就属于第二种表达方式。

在结构符号网络计划技术和建筑工程符号学的术语表示中，这里的符号"|"具有等价的意义，称为等价符号。例如，在结构符号网络计划 | BANT 计划中，符号"|"表示后者与前者的物理意义是等价的。符号"/"称为简称符号，表示后者是前者的简称。例如，在 3D 模拟图形设计数据/3D 设计数据中，符号"/"表示 3D 设计数据是 3D 模拟图形设计数据的简称。又例如，在建设工程项目/建设项目中，符号"/"表示建设项目是建设工程项目的简称。符号"//"称为注解符号，顾名思义，注解符号"//"具有解释的意义。例如，在线路 P//(Start, 1, 5, 7, End) 中，符号"//"表示"线路 P"由"(Start, 1, 5, 7, End)"构成。

1.1 人类管理技术发展的必由之路

1.1.1 古代自发管理阶段

1.1.1.1 结绳"记事"

结绳记事的人类历史可以追溯到上古时代。上古时代没有文字，生活在原始氏族社会的人们用"结绳"的方法来记事 (见图 1.1.1)。所谓"结绳"，就是在绳子上打结，这样的"结"称为"绳结"。

古埃及与古巴比伦、古印度和中国并称"四大文明古国"。埃及于公元前 3200 年出现奴隶制的统一国家，当时的国王称为法老，法老在埃及人民眼中是太阳之子。公元

(A) 埃及人的结绳记事　　　　　　(B) 印加人的结绳记事

图 1.1.1　埃及人和印加人结绳记事的图片

640 年左右,阿拉伯人进入埃及建立了阿拉伯国家,至 9 世纪中叶,埃及人的阿拉伯化大体完成。图 1.1.1(A) 所示为埃及人的结绳记事。

印加人又称为印卡人,是南美洲古代印第安人。"印加"(Inca) 的意思是"太阳的子孙"。印加人在 11 世纪时建立了印加帝国,并创建了严密的帝国结构:帝国分为国王、贵族、僧侣、平民和奴隶几个等级。其中,贵族由两部分人构成:一是库斯科王室氏族成员即"血统印加人",二是其他部落中因反对印加外敌有功而受封的"特权印加人"。图 1.1.1(B) 所示的是 13 世纪《印加史》版画《结绳》,该版画表现了印加人的结绳记事。

1.1.1.2　记事绳符号

同世界各国一样,中国也经历了结绳记事的漫长时代。我国是一个多民族的国家,有 56 个民族,在历史上,除了汉族和为数不多的少数民族较早地产生了本民族的文字从而较早地结束了结绳记事的时代外,一些少数民族一直到中华人民共和国成立时,依然还处于刀耕火种和结绳记事的状态 (见图 1.1.2~ 图 1.1.4)。

前面已经述及,原始氏族社会的人们用"结绳"的方法来"记事",这种打了结的绳子具有记事作用,故称为记事绳符号。记事绳符号可以划分为两种:结绳记事符号和结绳计事符号。

1. 结绳记事符号

图 1.1.2(A) 和图 1.1.2(B) 所示为云南德昂族的记事绳符号。该记事绳符号由红、黄、黑、白 4 种颜色组成,分为粗绳符号、中绳符号和细绳符号。其中,粗绳符号用于记录一年的劳动所获;中绳符号表示一年中的支出情况;细绳符号代表的是劳务输出。图 1.1.2 所示的记事绳符号仅具有"记事"的作用,但没有方向性,称为结绳记事符号。

图 1.1.3(A) 为来自北京东郊台湖图书城内的一个常设的展览所示的记事绳符号;图 1.1.3(B) 为来自四川乐山夹江千佛岩景区夹江手工造纸博物馆第一展厅所示的记事绳符号。

图 1.1.4(A) 和图 1.1.4(B) 所示分别为独龙族人和哈尼族人的记事绳符号,记事绳符号中间的大绳结是一个对称的点。作者认为,可以在大绳结处将记事绳截断为二,结绳记事的双方各执一根作为凭据。

(A)   (B)

图 1.1.2 云南德昂族记事绳符号的图片

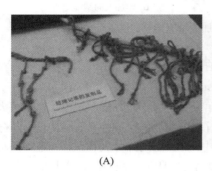 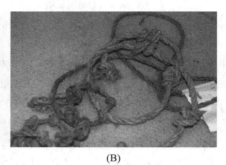

(A)   (B)

图 1.1.3 我国少数民族记事绳符号的图片

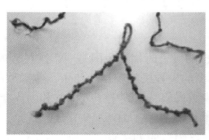 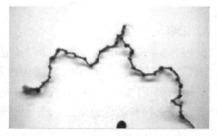

(A) 独龙族的结绳记事(10天后相会，   (B) 元阳县的哈尼族买卖土地的结绳
一个结代表一天)。取自云南民族博   "账目"(双方各执一根，一个结代表
物馆民族文字古籍展   一两银子)

图 1.1.4 独龙族和哈尼族记事绳符号的图片

2. 结绳计事符号

图 1.1.5 所示的记事绳符号不仅具有"记事"的作用，还具有方向性，称为结绳计事符号。在南美的历史上，古代印加官方曾经用这种结绳计事符号来统计资料。

综上所述，对于古代人来说，记事绳符号是他们的信物，记事绳符号上大大小小的绳结就是他们用来回忆过去的线索。

1.1.1.3 结绳计事符号的功能与特性

计划 (或策划) 是一件极其重要的事情，大至国家和企业，小至家庭和个人，都需要讲策划、做计划。"凡事豫则立，不豫则废"，这句话出自《礼记·中庸》，讲的就是计划的重要性，这里的豫也作"预"。

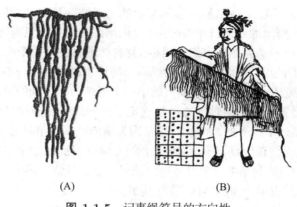

(A)   (B)

图 1.1.5　记事绳符号的方向性

结绳计事符号可以"计事"，这里的"计事"是计划之事，是策划之事。对于远古时代的人来说，记事绳符号是其行为载体，也是其信物，记事绳符号上大大小小的绳结记录了事件的时间节点。结绳计事符号是用来"计事"的绳子，并且是完成了计事的绳子。结绳计事符号上大大小小的绳结之所以能够唤起古代人的记忆，正是其符号的作用。古代人不自觉地将结绳计事符号作为计划的信物和记录了其计划实践的载体。因此，结绳计事符号是一种实物符号，它记录了古代人"计事"的过程。

1. 结绳计事符号的计划功能

在 1.1.1.2 节中，已经述及了结绳计事符号的方向性，对它的方向性作如下补充说明。

图 1.1.6(A) 所示的结绳计事符号可以分成两个部分：一是由绳结构成的水平部分，称为纵向结绳计事符号；二是由多根与纵向结绳计事符号相连的下垂的部分，称为横向结绳计事符号。

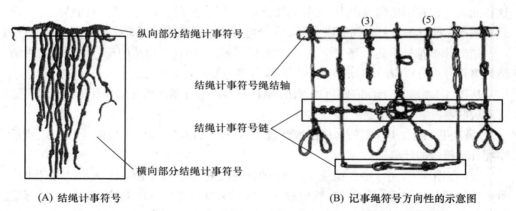

纵向部分结绳计事符号

结绳计事符号绳结轴

结绳计事符号链

横向部分结绳计事符号

(A) 结绳计事符号   (B) 记事绳符号方向性的示意图

图 1.1.6　结绳计事符号及其记事绳符号方向性的示意图

在图 1.1.6(A) 中，横向结绳计事符号的第一个绳结与纵向结绳计事符号相连接，而其他绳结之间没有发生联系。图 1.1.6(B) 表达的是各条纵向结绳计事符号上的绳结发生联系后的状态。

绳结记录的是"事",故结绳计事符号上的"绳结"具有"事件"(或节点) 的意义。在图 1.1.6(B) 所示的结绳计事符号中, 纵向结绳计事符号具有方向性——这是因为, 当在其上打好第一个绳结后, 第二个绳结就自然地打在第一个绳结的前面, 其他绳结也都必须这样打下去。因此, 可以认为纵向结绳计事符号存在一根时间轴, 称为结绳计事符号绳结轴/绳结轴。规定绳结轴上的第一个绳结为绳结轴的原点, 并且绳结轴与纵向结绳计事符号重合。绳结轴的方向性规定了纵向结绳计事符号的方向性, 同时也就规定了横向结绳计事符号的方向性。这是因为横向结绳计事符号上的第一个绳结必定在绳结轴上, 从而使该绳结具有了 (纵向的) 方向性 [见图 1.1.6(B)]。平行于绳结轴的横向结绳计事符号称为结绳计事符号链。结绳计事符号链由多个 (或单个) 横向结绳计事符号的元素矢 (表示工作的结构符号) 构成。

结构符号网络计划曲线描述的是一个时间序列系统 (见图 1.1.7)。图 1.1.7 是用结构符号网络计划对图 1.1.6(B) 所示结绳计事符号链的模拟, 这是一个定性基本计划。图 1.1.7 用图片方式对结绳计事符号链的运行状态进行了描述性说明, 这种对与网络计划技术相关的内容进行解释和说明的图形表达方式称为示意图。在图 1.1.7 中, 用结构符号"⊶[i]──▶"表示元素 (活动、工作), 称为元素结构符号, 通常叫做实矢; 用结构符号"⊶-----▶"表示任意两条线路段上的任意两个元素之间的联系, 称为虚元素结构符号, 通常叫做虚矢。关于图 1.1.7 应当说明两点: 一是, 图 1.1.6(B) 所示**结**绳计事符号上的绳结是模拟的基础与根据; 二是, 将图 1.1.6(B) 所示结绳计事符号处理为一个封闭的系统。

在图 1.1.7 中, 线路 P//(Start,1,5,7,End) 相当于图 1.1.6(B) 所示结绳计事符号绳结轴。其他的线路和线路段都是结绳计事符号链——这些线路和线路段都是关于横向结绳计事符号的概念。例如, 线路段 P//(18,x,28) 是由元素 18 ~ 元素 28 的结构符号构成的, 并且这些元素都是在同一条线路段上, 这样的线路段称为列序线路段; 线路段 P//(19,20,34,35) 是由元素 19、元素 20、元素 34、元素 35 的结构符号构成的, 并且这些元素分别在两条线路段上, 这样的线路段称为层序线路段。显然, 纵向结绳计事符号和横向结绳计事符号之间的联系揭示了结绳计事符号链的物理意义。

结绳计事符号本质上是一个关于"绳结"符号的集合。用结构符号计划曲线对结绳计事符号进行模拟, 可以进一步认识结绳计事符号的计划功能。

从图 1.1.7 和图 1.1.6(B) 可以看出, 结构符号网络计划曲线与结绳计事绳符号有如下对应联系。

(1) 在图 1.1.7 中, 实矢构成的线路段 P//(Start,1,6,7,End) 对应图 1.1.6(B) 所示结绳计事符号的计事轴。

(2) 在图 1.1.7 中, 虚矢构成 (引出) 的线路段对应于图 1.1.6(B) 所示结绳计事符号中的结绳计事符号链。例如, 线路段 P//(18,21,24,28,29,End) 对应图 1.1.6(B) 标定的较长的结绳计事符号链; 线路段 P//(34,36,37,33,End) 对应图 1.1.6(B) 标定的较短的结绳计事符号链。又例如, 在图 1.1.6(B) 中, 绳结 (3) 和 (5) 处的结绳计事符号链均只由横向结绳计事符号的一个元素矢构成, 二者分别对应于图 1.1.7 所示线路段 P//(12,End) 和线路段 P//(10,End)。

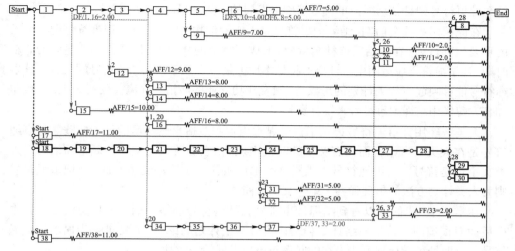

图 1.1.7 用结构符号网络计划模拟结绳计事符号链的示意图

需要说明的是, 本节仅对纵向结绳计事符号和横向结绳计事符号作定性的阐释, 而不作定量的描述——例如对二者的定义及表示方法。

2. 结绳计事符号的特性

时间序列是计划的本质。结绳计事符号具有计划功能吗? 在考察和分析后, 可以认识到结绳计事符号具有如下四个特性。

(1) 时间性。古代人在结绳 "计事" 时, 当在计事轴上打好第一个绳结后, 都会将第二个绳结打在第一个绳结的前面, 并且继续这样打下去, 这是一个自然的时间过程——此过程是结绳计事这一自然时间过程的再现。因此, 结绳计事符号具有时间性。

(2) 方向性。时间是计划的第一要素。结绳计事符号具有时间性, 同时也就具有了方向性。结绳计事符号的方向性详见下文。

(3) 序列性。结绳计事符号的时间性和方向性决定了结绳计事符号具有序列性, 纵向绳上绳结的依次排列表明了结绳计事符号的序列性。

(4) 联系性。横向结绳计事符号通过打在绳结轴上的第一个绳结与纵向结绳计事符号发生了联系 [参见图 1.1.6(A)]; 在图 1.1.6(B) 中, 结绳计事符号链将结绳记事符号和结绳计事符号联系起来。这些表明结绳计事符号具有联系性。

应当指出的是: 在图 1.1.6(B) 中与绳结轴迭合的 "纵向绳" 不是绳子, 而是棍。该图片来自互联网, 有现代人染指过的嫌疑, 但这并不重要, 重要的是该图片表达了结绳计事符号的联系性, 从而显示了结绳计事符号的发展方向。

记事绳本质上是一种实物符号。本书将无向记事绳称为结绳记事符号, 而将有向记事绳称为结绳计事符号, 二者统称记事绳符号。人类曾经有过结绳记事和结绳而治的历史。《易·系辞下》记载: "上古结绳而治, 后世圣人易之以书契, 百官以治, 万民以察"。尽管目前尚未发现原始先民遗留的关于记事绳符号的实物, 但原始社会绘画遗存中的网纹图、陶器上的绳纹和陶制网坠等实物, 以及近代和现代保存下来的结绳记事的实物, 证明了记事绳符号的存在。作者深信: 结绳而治是结绳记事发展的历史使然,结绳计事符号则是在结绳记事符号基础上发展的必然结果。

在原始氏族社会前期, 结绳记事符号是人们的信物, 人们用结绳记事符号记录个人的重要生存行为; 在原始氏族社会后期, 形成了特定的社会集团, 开创了结绳而治的新时期, 计事绳符号应运而生。计事绳符号本质上是一个关于 "绳结" 符号的集合。计事绳符号能够唤起古代人计划的想象力, 激发建功立业的激情。在南美的历史上, 古代印加官方曾经用结绳记事符号来统计资料。

人类曾经用计事绳符号记录了自己谋求生存和改造自然环境的伟大实践。记事绳符号是在人类只有语言而没有文字的时代出现的, 它随着人类文字的诞生而消亡。人类文字也是符号。记事绳符号为人类文字的诞生弹奏了第一支圣诞曲, 而记事绳符号则为人类计划方法的出现弹奏了第一支摇篮曲。

在本节中, 我们可以看到结绳计事符号在结构符号网络计划中的历史沉淀。在本书后面对横道图、传统网络计划和结构符号网络计划的论述中, 将进一步揭示记事绳符号与这两种科学计划方法内在的联系与历史发展的一致性。

1.1.2　科学管理阶段

在第 1.1.1 节中, 介绍了结绳计事符号, 并揭示结绳计事符号本质上是一个关于远古计划方法的概念。计划的科学方法只能在特定的历史条件和社会大生产的背景下才会产生。在第一次世界大战 (1914 年 ~1918 年) 期间, 出现了一种用实线段符号 "——" 表示时间进度计划的方法 (见图 1.1.8), 这就是甘特图 (Gantt chart), 通常称为横道图, 因为这种计划方法的曲线是定量曲线, 是用线条图形表达计划方案的方法, 故又称为横道时标计划。横道图是项目管理的工具之一, 它简单、容易学习和使用。横道图是人类 "计划" 历史上出现的第一个科学方法, 项目管理各种方法的科学化、标准化均始于横道图。

泰勒的科学管理思想是横道图产生的理论背景。弗雷德里克·温斯洛·泰勒是美国古典管理学家、科学管理的创始人, 被管理界誉为科学管理之父。亨利·劳伦斯·甘特是横道图的发明者, 他是科学管理运动的先驱者之一, 也是泰勒创立和推广科学管理制度的亲密合作者。

横道图有如下两个特点。

(1) 用横道符号表示元素的周期。从图 1.1.8 可以看出, 在横道图中, 实线段符号 "——" 称为横道符号, 它表示元素的周期即元素持续时间。

(2) 用时标表构图。从图 1.1.8 可以看出, 时标表通常由表示工作名称及其持续时间的坐标 "栏" 和表示完成工作的起止时间的坐标 "栏" 两个部分构成。作者将前者称为纵向坐标栏, 后者称为横向坐标栏。纵向坐标栏和横向坐标栏的交叉处定位了横道符号, 这样, 横道图就获得了表示元素的方法。

可见, 横道图是一种非结构符号的定量计划方法。横道图直观形象、简单明了、容易绘制、易于应用、便于检查。因此, 横道图一经问世, 很快就成为世界各行各业应用的最普遍的计划方法。

但是, 横道图仅仅是表达计划思想的简单图解符号手段, 存在着许多缺点, 其中最

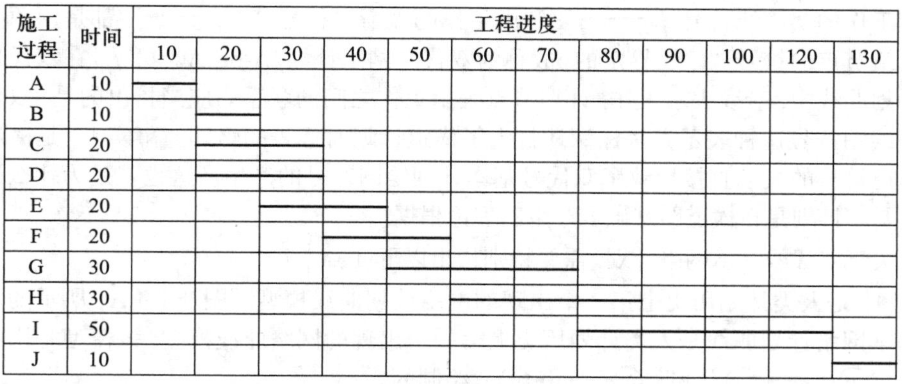

施工过程	时间	工程进度											
		10	20	30	40	50	60	70	80	90	100	120	130
A	10	▬											
B	10		▬										
C	20		▬▬										
D	20		▬▬										
E	20			▬▬									
F	20				▬▬								
G	30					▬▬▬							
H	30						▬▬▬						
I	50								▬▬▬▬▬				
J	10												

图 1.1.8　某建设项目的横道时标计划

主要的是横道图没有形成相应的数学算法,故不能使用计算机运算。

关于横道图需要特别指出以下两点。

(1) 在横道图中,因为表示元素持续时间的横道是定量符号,所以横道图是定量计划。人类计划历史上出现的第一个科学的计划方法是时标计划,这具有重要的理论意义。

(2) 横道图的时标表由多个纵向坐标栏和横向坐标栏构成。因为纵向坐标栏表示元素的名称和其持续时间,横向坐标栏表示实施元素的进度时间,所以称之为纵向和横向坐标栏符号。因此,可以认为横道图由纵向坐标栏符号、横向坐标栏符号和横道构成。

1.1.3　现代管理阶段

产生于 19 世纪末至 20 世纪初的泰勒科学管理思想开创了管理科学的新时代。与泰勒科学管理思想同时期问世的还有法约尔的“管理过程理论”和韦伯的“行政组织理论”,这 3 种理论统称为古典管理理论。之后,被誉为管理科学第二个里程碑的以行为科学理论、系统理论、决策理论为代表的多种理论形成了现代管理理论。现代管理理论以系统论、信息论、控制论为理论基础,应用数学建模和计算机手段来研究和解决各种管理问题,具有鲜明的时代特点。

20 世纪中叶至今是现代管理理论蓬勃发展的时期,在这个时期里,产生了双代号网络计划、单代号网络计划和结构符号网络计划技术。

1.1.3.1　传统网络计划技术

1956 年,美国杜邦·奈莫斯公司的摩根·沃克和赖明顿·兰德公司的詹姆斯·E·凯利合作,他们共同使用 Univac 计算机安排施工进度计划,成功开发了一种用计算机描述建设项目的简单方法——沃克–凯利法,其支撑技术就是现行的单、双代号简单网络计划技术。单、双代号网络计划技术通常称为传统网络计划技术。

1. 单、双代号基本网络计划

传统网络计划技术是在横道图基础上诞生的,首先出现的是双代号简单网络计划方法,本书将简单网络计划类型称为基本网络计划 [见图 1.1.9(A)]。在图 1.1.9(A) 中,表示工作的实箭线符号"——▶"和虚工作的虚箭线符号"-----▶"都是用两个表示网络节点的符号"○"界定的, 故称为双代号网络计划/A-on-A。可见, 在双代号网络计划曲线中, 箭线表示工作, 计划节点表示工作之间的联系。应当指出的是, 双代号计划绘图符号这种表示方法深深地打上了横道计划时标表的烙印。事实上, 是横道表中横道符号的波动直接导致了双代号基本计划绘图符号的产生。这也就是为什么说双代号基本计划是在横道图基础上产生的理论根据。

关于双代号基本网络计划, 需要特别指出以下 4 点。

(1) 是人类计划历史上第一个出现的网络计划曲线模型。图 1.1.9(A) 所示的双代号基本网络计划曲线是人类计划历史上第一个出现的网络曲线模型, 该模型是用绘图符号"(i)—D_i—▶(j)"和"(i)-----▶(j)"绘制的。

(2) 是人类计划历史上第一个出现的网络计划数学模型。随着双代号基本计划绘图符号的产生, 也产生了一套计划数学符号 (参见文献 [9])。双代号基本计划数学符号的产生和实际应用标志着人类计划历史上第一次出现了网络计划数学模型。

(3) 绘图符号具有投影功能。绘图符号"(i)—D_i—▶(j)"和"(i)----▶(j)"在 Time 轴上的投影为一线段, 表明双代号基本计划的绘图符号具有投影功能。这具有重要的理论意义。

(4) 水平虚矢。在双代号基本网络计划曲线的绘制中, 存在垂直虚矢和水平虚矢的两种画法 [见图 1.1.9(A)]。在图 1.1.9(A) 所示的定性网络计划中, 虚矢 (3, 7) 和虚矢 (14, 15) 在 Time 轴的投影为一点, 这样的虚矢称为垂直虚矢; 虚矢 (8, 13) 和虚矢 (4, 7) 在 Time 轴的投影为一线段, 这样的虚矢称为水平虚矢。图 1.1.9(B) 是图 1.1.9(A) 的时标计划。从图 1.1.9(B) 可以看出, 水平虚矢在时标计划中得到了全面的展示。

应当特别指出: 垂直虚矢和水平虚矢是完全不同的; 在双代号基本网络计划曲线中, 水平虚矢的存在具有极其重要的理论意义。

美国先驱设计了双代号简单网络计划, 却不能正确绘制虚元素。于是, 单代号简单网络计划应运而生 [见图 1.1.10(B)]。单代号网络计划用节点表示元素, 用箭线表示元素之间的联系。在这种网络计划中, 事实上, 表示元素之间联系的箭线都是由一个表示元素的符号"○"界定的, 因此, 可以认为图 1.1.10(B) 是由绘图符号"(A)——▶"构成的, 故称为单代号网络计划/A-on-N。

单代号简单网络计划元素绘图符号存在如下设计缺陷。

(1) 没有时标网络计划。单代号计划的绘图符号"(A)——▶"在 Time 轴上的投影为一点, 也就是说, 单代号简单计划的绘图符号与其投影值 (或数学符号) 之间不能建立起对应联系, 这决定了它没有时标计划的表达方式。

(2) 缺失虚元素绘图符号。在网络计划中虚元素是一种客观存在, 它描述了任意两条线路段上任意两个工作之间的逻辑约束。但在单代号简单网络计划的曲线模型中没有表示逻辑约束的绘图符号, 存在绘图符号缺失的理论缺陷。有一种错误的说法是"单代号网络计划没有虚工作"; 正确的表达是"单代号网络计划不能反映虚元素"。

2. 单、双代号网络计划的各种类型

在单、双代号基本网络计划的基础上, 雨后春笋般地产生了单、双代号搭接网络计

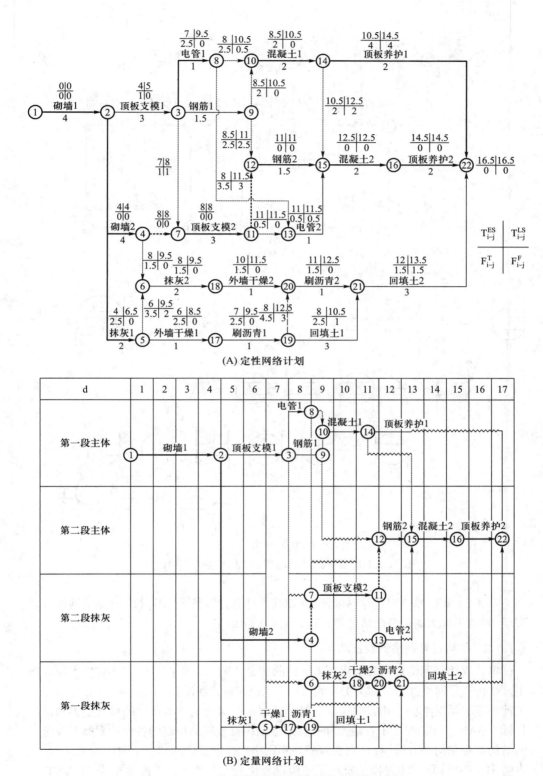

(A) 定性网络计划

(B) 定量网络计划

图 1.1.9 某建设项目的双代号基本网络计划

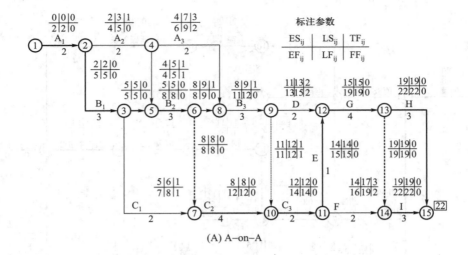

(A) A–on–A

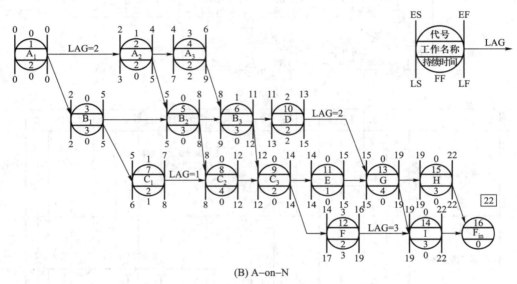

(B) A–on–N

图 1.1.10 某建设项目的单、双代号基本网络计划

划 (见图 1.1.11), 单、双代号时限计划, 双代号计划评审技术 (PERT) 计划等网络计划
类型, 形成了庞大的传统网络计划家族 (见图 1.1.12)。

1.1.3.2 结构符号网络计划技术

单、双代号网络计划和美国 P3 软件的理论缺陷令结构符号网络计划技术应运而
生。结构符号网络计划又称为 BANT 计划。BANT 计划没有逆向计算程序, 克服了传
统计划逻辑系统结构不相容的错误。时标计划是网络计划技术设计的最高境界和最终
目标。BANT 计划赋予了肯定型和非肯定型结构符号网络计划的各种计划类型以统一
的结构符号和构图方法; 在计划曲线模型和网络数学模型之间建立了对应的关系, 从而
表明 BANT 计划的曲线模型实现了结构符号化[7]53-55,64-68。作者的专著《BANT 网
络计划技术——没有逆向计算程序的网络计划技术》获得了国家自然科学基金研究成

14

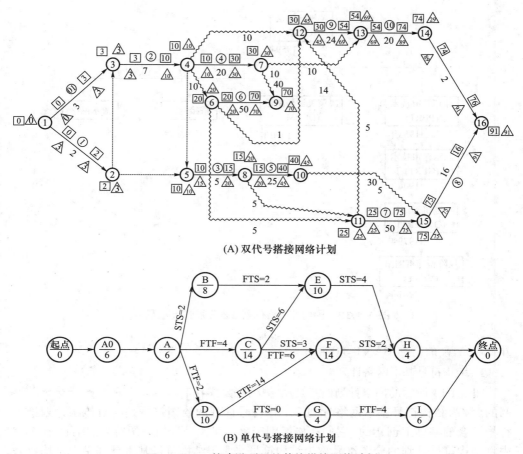

(A) 双代号搭接网络计划

(B) 单代号搭接网络计划

图 1.1.11　某建设项目的传统搭接网络计划

果专著出版基金资助, 由湖南科学技术出版社于 2003 年 5 月正式出版; 在此基础上, 第二本专著《工程统筹技术》由高等教育出版社于 2016 年 3 月正式出版; 这两本专著是结构符号网络计划技术的具体研究成果, 它们标志着作者建立了网络计划技术的基础理论, 该理论称为网络计划符号学。该理论第一次将符号学引入网络计划技术的研究领域, 从计划结构的全新角度构建网络计划技术的基础理论是网络计划符号学的鲜明特点。

顺便述及, 作者及其团队成功开发的 BANT 软件已经取得了 3 个自主知识产权: 一是 "BANT 综合网络计划技术软件", 简称 BANT 1.0, 登记号为 980146, 这是一个理论版软件; 二是 "BANT 网络计划技术软件", 简称 BANT 2.0, 登记号为 2006SR16222, 它是在 BANT 1.0 基础上用简单网络结构符号开发的, 是一个商业版软件; 三是 "BANT-BCWP 1.0 项目管理软件", 简称 BANT-BCWP 1.0, 登记号为 2007SR15792, 它是在 BANT 2.0 基础上用搭接结构符号开发的 BANT 项目管理软件, 也是一个商业版软件。本书涉及的 "BANT 网络计划技术软件" 是在 BANT-BCWP 1.0 软件实验性应用的基础上用搭接结构符号升版开发的, 是对 BANT 2.0 软件的深度

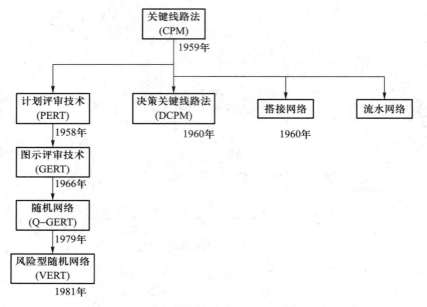

图 1.1.12　国内外网络计划技术发展情况示意图

开发与完善, 故简称 BANT 3.0 软件。

　　1. 结构符号基本网络计划

　　图 1.1.13 所示的网络计划曲线是用结构符号 "○—[i]——▶" 和 "○------▶" 绘制的, 称为结构符号基本网络计划。结构符号计划的绘图符号是在对传统计划绘图符号综合的基础上创建的, 它们严格区别于单、双代号计划绘图符号, 因此, 在本书中将结构符号计划的绘图符号称为结构符号。鉴于结构符号基本计划是由结构符号 "○—[i]——▶" 和 "○------▶" 绘制的, 因此称之为基本结构符号。

　　关于结构符号基本网络计划的历史贡献, 特别指出如下 3 点。

　　(1) 是第一个解决了自动生成虚矢的计划曲线模型。在用结构符号 "○—[i]——▶" 和 "○------▶" 绘制结构符号基本计划曲线的过程中, BANT 画法首次解决了自动生成虚矢的问题。

　　(2) 是第一个克服了计划逻辑系统结构不相容错误的计划数学模型。BANT 算法创建了网络计划技术没有逆向计算程序的计划算法, 这是在单、双代号基本计划数学模型基础上建立的。

　　(3) 是第一个时标网络计划。结构符号基本计划第一次建立了计划能指和计划所指之间的对应联系, 从而赋予了结构符号基本计划以时标计划, 这是第一个时标网络计划, 应用它可以正确定量描述基本网络计划的进度 [见图 1.1.13(B) 和图 1.1.14(B)]。图 1.1.13(B) 所示的结构符号基本时标网络计划是图 1.1.10(B) 所示单代号简单网络计划的演绎展开; 图 1.1.14(B) 所示的结构符号搭接时标网络计划是图 1.1.14(A) 所示结构符号搭接等权网络计划的赋权展开。顺便说明, 本书以后不再以双代号作为例子。

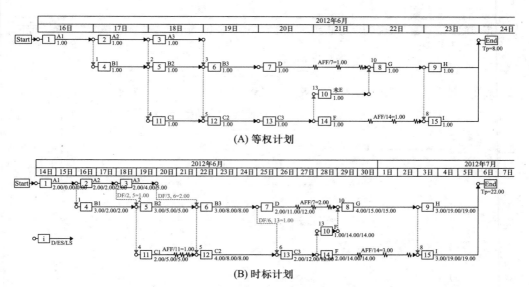

图 **1.1.13** 用 BANT 3.0 软件绘制的图 1.1.10 所示建设项目的结构符号基本时标网络计划

2. 结构符号计划各种计划类型

在基本计划结构符号的基础上, 结构符号计划赋予了肯定型和非肯定型各种计划类型统一的计划结构符号。"$\circ\!-\!\boxed{i}\!-\!\longrightarrow$"和"$\circ\!-\!-\!-\!-\!\longrightarrow$"是结构符号基本计划的构图符号 (或结构符号), 用其绘制的网络计划曲线称为结构符号基本网络计划/基本计划, 通常称为 BANT 基本计划 (见图 1.1.13)。在 BANT 基本计划的基础上, 增加了搭接链结构符号"$\longrightarrow\!\circ$"的计划称为 BANT 搭接计划 (见图 1.1.14); 增加了时限结构符号"$\sqsubset$"的计划称为 BANT 时限计划 ……。可见, 结构符号网络计划是基于 BANT 基本计划的网络计划, 各种计划类型之间具有层次结构[7]55-66。结构符号网络计划技术吸收和继承了横道时标计划、传统网络计划的全部研究成果, 是对单、双代号网络计划技术进行综合后创新的产物, 是当今最先进的网络计划技术。

单、双代号网络计划技术是在横道图的基础上产生的, 而后产生了结构符号网络计划技术。从横道图到单、双代号基本网络计划, 继而到单、双代号两大体系网络计划

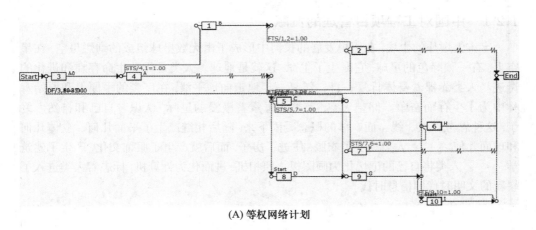

(A) 等权网络计划

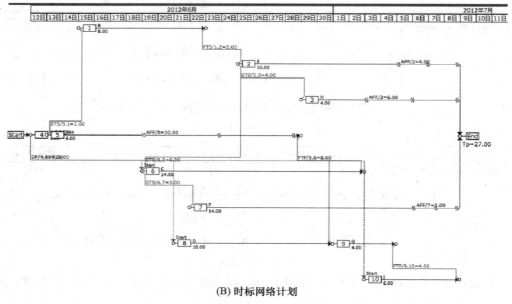

(B) 时标网络计划

图 1.1.14 用 BANT 3.0 软件绘制的图 1.1.11(B) 所示建设项目的搭接时标计划

家族, 再到肯定型和非肯定型结构符号网络计划的各种计划类型, 各种网络计划方法及其类型的产生和发展是一个互为依据、相互联系的发展过程, 这一过程构成了网络计划技术发展的历史。纵观网络计划技术产生和发展的历史, 可以发现计划结构符号的主线贯穿于其全过程; 可以认为, 计划结构符号产生和发展的历史就是网络计划技术产生和发展的历史。

1.2 工程管理的新纪元

在工程管理的领域里, 项目管理和工程项目管理是两个既具有内在联系又相互严格区别的分支学科。

1.2.1 中国对工程项目管理的贡献

宇宙大爆炸的尘埃, 在历史发展的长河中形成了由无数星球组成的绚烂星空, 在星空上, 有一颗绿色的星球, 它诞生了生命, 这就是地球。人类是无数生命存在和进化的奇迹。人类赤裸着身体日复一日、年复一年地走向地平线, 在广袤的平原上和原始森林中为了生存而奋争。仰望天空, 人类在思索着漫漫的星际, 认识着自己和自然。终于, 这种思考以点、线、面、体的概念凝固下来, 随后相继产生了平面几何、立体几何和球面几何 …… 人类穿上了衣服, 住进了房子, 而后就产生了服饰文化, 产生了建筑学 …… 人类将自己的记忆化为画图板、照相机, 进而化为计算机, 标志着人类进入了崭新的文明时代即信息时代。

1.2.1.1 工程——一个全新的理念

"工程"一词已经成为生活中的一个无处不在的词汇。学术界关于工程的定义有多种,其中有两种很具有代表性:将自然科学的原理应用到工农业生产部门中而形成的各学科的总称 (《辞海》),这是第一种;把数学和科学技术知识运用于规划、研制、加工、试验和创制人工系统的活动和结果 (《自然辩证法百科全书》),这是第二种。以上是从科学哲学和技术哲学定义"工程"的。

进入 21 世纪以来,人们发现,仅从单纯科学哲学和技术哲学的观点来看待工程问题,已经远远不能适应时代发展的需要,于是"工程哲学"应运而生,并随之成为国际关注的热点问题之一。现代科学哲学和现代技术哲学都是由国外学者创建的,但在工程哲学研究方面,我国学者则走在了西方学者的前面,我国学者最早出版了《工程哲学》[11-13],并产生了较大影响。于是,产生了新的定义:工程是人类以建造为核心的改造物质自然界实践活动的总称,这是一个物化的过程。这也是本书所采用的定义,其根据是工程哲学。

科学、技术与工程"三元论"是工程哲学的理论内核。"三元论"认为:科学活动是以探索发现为核心的活动,技术活动是以发明革新为核心的活动,工程活动是以集成建构为核心的活动。这里的工程是指像三峡大坝、高速铁路、载人航天等这些主要针对物质对象的现代工程。工程化是现代工程的鲜明特点之一。现代工程深刻改变了人类社会物质生活的面貌。世界各国的现代化过程在很大程度上就是进行各种类型现代工程的过程,在这一过程中出现了多种多样的职业类型,从而产生了"投资者""企业家""工程师""设计师""管理者"和"工人"等新的社会角色,这是一个以共同工程范式为基础,以工程的设计建造、管理为目标而形成的活动群体,称为工程共同体。因此,既不应把科学与技术混为一谈,也不应把技术与工程混为一谈。工程并不是单纯的科学应用或技术应用,也不是二者简单的拼凑与组合,而是科学要素、技术要素、经济要素、文化要素、社会要素、环境要素和管理要素等的综合集成。

全新的工程理念丰富了建设项目管理的内涵。

1.2.1.2 BANT 项目管理软件——一个集成创新的项目管理软件

BANT 网络计划技术软件已经取得 3 个自主知识产权[7]16-18。本书述及的结构符号网络计划技术软件 | BANT 3.0 软件是在这 3 个具有自主知识产权软件的基础上综合并深度开发的,它可以绘制基本计划、搭接计划等各种 BANT 计划类型。BANT 3.0 软件没有逆向计算程序,不存在系统结构不相容的错误。它具有自动生成虚元素功能、实矢杆拉长功能、自动消除赘联系功能、自动消除计划回路功能和插入一个元素的定性相容辨识功能;还具有定量相容辨识功能,该功能具体体现为初始计划和临界计划的相容性;此外,还具有时差优化功能、时标计划功能,以及独具特色的层次结构[7]134-140。BANT 3.0 软件功能强大,并且易学习、易操作。BANT 3.0 软件是以结构符号网络计划 (或 BANT 网络计划) 为技术支撑开发的,是作者 20 余年关于 BANT 计划技术的研究以及与其团队近 10 年软件开发的最终成果。

什么是项目管理软件? 在 BANT 3.0 软件的基础上拓展了费用、材料、合同等管理功能的软件就是一种项目管理软件,称为 BANT 项目管理软件。因此,BANT3.0 软件是 BANT 项目管理软件的内核。BANT 项目管理软件的成功开发, 标志着我国已经掌握了世界网络计划技术和项目管理软件开发的核心技术[14]。

"平台"泛指要开展某项工作所依据的基础条件, 实际上是指信息系统集成模型。"系统"是由一些相互联系、相互制约的若干组成部分结合而成的、具有特定功能的一个有机整体 (集合)。因此, 从信息系统的角度, "平台"是基础, 在平台上构建相互联系、相互制约的组成 (不同功能软件) 部分, 其整体就成了"系统"。企业管理信息平台取代企业级项目管理软件是发展的总趋势。但是我国的软件开发企业还没有掌握网络计划技术软件的核心技术, 例如上海普华 PowerPIP 和广联达梦龙软件 (或广联达斑马进度计划软件), 因此 BANT 3.0 软件对我国企业信息平台的开发具有重要的指导意义和现实意义。

项目管理软件是项目管理的重要工具, 它是在网络计划技术软件的基础上开发的。美国 P3 软件是国际上应用的主要项目管理软件。BANT 项目管理软件与美国 P3 软件具有本质的差异 (见表 1.2.1 和表 1.2.2)。国际上没有独立的单代号计划软件。单代号计划是美国 P3 软件的技术支撑。从理论上讲, 网络计划技术软件是项目管理软件的内核, 所以在表 1.2.1 中用"美国 P3 项目管理软件的内核"参与比较。

表 1.2.1　BANT 3.0 软件与美国 P3 软件内核基本功能的比较

	比较内容	BANT 3.0 软件	美国 P3 项目管理软件的内核
1	是否实现可视化功能	是	否
2	是否实现动态性功能	是	否
3	是否实现定性相容辨识功能	是	否
4	是否实现定量相容辨识功能	是	否
5	时标计划功能	典型的时标网络计划功能	非时标网络计划功能
6	是否具有时差优化功能	是	否
7	是否实现嵌套结构辨识功能	是	否

表 1.2.2　BANT 项目管理软件和美国 P3 软件常规功能的比较

	比较内容	BANT 项目管理软件	美国 P3 软件	主要判别根据
1	是否存在系统结构不相容的错误	否	是	CPM 算法具有逆向计算程序, BANT 算法则不具有
2	是否具有时标计划功能	是	否	以是否实现曲线模型和数学模型的同一性作为判别根据
3	是否具有逻辑相容辨识功能	是	否	以能否在构图中进行网络逻辑相容辨识作为判别根据
4	是否具有定量相容辨识功能	是	否	以能否绘制相容的初始和临界计划图作为判别根据
5	是否具有时差优化功能	是	否	美国 P3 系列软件不能计算虚工作, 且其时差计算是错误的
6	是否具有 AHP 控制功能	是	否	以能否形成 AHP 嵌套-计划结构作为判别根据

结构符号网络计划技术软件即 BANT 3.0 软件没有系统结构不相容的错误, 从而获得了定性和定量相容辨识功能。而美国 P3 项目管理软件的内核存在系统结构不相

容的错误, 故没有定性和定量相容辨识功能。由于美国 P3 软件计算的最迟必须时态参数 (LS_i 和 LF_i) 是错误的, 因此美国 P3 软件不能用任何计划方法表达其计算的 LS_i 和 LF_i。例如: 在图 1.2.1 中美国 P3 软件是用组合符号 "——▽" 表示元素的最迟必须完成时间的, 此组合符号表示的是时刻; 这种表示方法不能表达 LS_i 和 LF_i 之间的定量关系。由于图 1.2.1 中的横道图是依据单代号网络计划计算的计划时间定位的, 因此将美国 P3 软件的这种表达方式称为 P3–单代号横道计划。

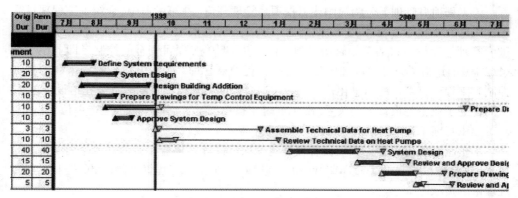

图 1.2.1　美国 P3 软件关于最迟必须完成时间的表示

通过比较图 1.1.14 和图 1.2.1 可以得到这样的结论: 图 1.1.14 揭示了 LS_i 和 LF_i 之间的定量关系; 而图 1.2.1 则不能表达 LS_i 和 LF_i 之间的定量关系。

单代号计划存在的系统结构不相容的错误是导致美国 P3 软件没有定性和定量相容辨识功能的理论原因, 因此一些工业发达的国家已经放弃了美国 P3 软件而重新寻找新的方法。

1.2.2　工程项目管理崭新的管理模式和理念

1.2.2.1　工程项目管理

华罗庚教授是将网络计划技术最早引入中国的科学家之一, 他将网络计划技术称为统筹方法。在长达 20 年应用和推广统筹方法的过程中, 华罗庚先生不仅产生了像《统筹方法平话》这样的文献, 还获得了对统筹规律的认识, 这就是华罗庚 36 字诀[15]:

大统筹, 广优选, 联运输, 精统计, 抓质量, 理数据, 建系统, 策发展, 利工具, 巧计算, 重实践, 明真理。

通常认为, 华罗庚 36 字诀提出了我国工程管理科学化的设想。

文献 [15] 还提供了华罗庚 12 字诀:

大统筹, 理数据, 建系统, 策发展。

显然, 华罗庚先生将网络计划技术提升到全面管理思想的高度。因此, 作者将华罗庚统筹方法表达为 "工程统筹技术＝工程统筹思想＋网络计划技术和建设项目管理软件", 并将统筹方法定义为 "具有统筹思想的网络计划技术[7]37-38。"

统筹方法为中国工程管理科学奠定了坚实的理论基石。

21

40 多年后即 2006 年，由丁士昭教授主编的《工程项目管理》一书[16] 出版。该书是从工程管理的角度来定义工程项目管理的："工程项目管理是工程管理 (professional management in construction) 的一个部分"；这个部分包含设计、建造和运营。传统观念将建设项目的设计、施工和物业的管理视为各自"独立的管理系统"，丁士昭教授针对此传统观念提出了"工程项目全寿命管理系统"，从而赋予了工程项目管理全生命周期的内涵。

《工程项目管理》分两篇阐述工程项目管理理论：在第一篇中，介绍了工程项目管理相关的基本概念和基本技术，例如建设项目的前期策划、网络计划技术和建设项目进度管理。建设项目的策划解决了项目的立项，明确了项目资金的控制者即业主。在第二篇中，介绍了设计阶段和施工阶段的工程项目管理、工程发包与物资采购的投资控制和工程项目管理的信息化建设。业主通过合同将建设项目的设计委托给设计单位，从而建立了业主与设计方的关系；业主通过招投标确定了建设项目的建造单位，从而建立了业主与施工方的关系。

丁士昭教授提出的工程项目管理是建设项目设计、建造和运营全生命周期管理的概念，这是建设项目全生命周期管理的崭新理念，丰富了工程管理的内涵，是对工程管理理论的贡献。

目前的 BIM 技术告诉我们：计算机技术 [例如计算机辅助设计 (CAD)] 日新月异的进步推动了建设工程领域信息化的发展。CAD 技术将手工绘图推向计算机辅助设计制图，实现了工程设计领域的第一次信息革命，它抛弃了画图板；从 CAD 技术到 BIM 技术，即从二维 (2D) 设计转向三维 (3D) 设计，标志着建设工程领域的第二次信息革命，它取代了设计图纸。传统的建设工程设计将几乎二分之一的工作量消耗在施工图的绘制上，使设计人员沦为"绘图匠"，扼杀了他们的创新天性，BIM 技术将设计人员解放出来，释放了他们的创新能量，提高了设计的质量。

建筑信息模型 (BIM) 将传统设计浪费的数据资源利用起来，从而产生了 BIM 技术，这是在人类管理思想和技术发展的历史过程中绽放的奇葩，属于工程管理范畴，它是人类管理思想和方法综合的产物。引入 BIM 后的工程项目管理称为 BIM 工程项目管理理论和方法/BIM 工程项目管理。BIM 工程项目管理是涵盖设计、建造和运营全过程的管理，它是人类管理思想和方法综合的产物。BIM 技术是在大数据的背景下产生的，是建设工程项目的大数据，它标志建设工程项目管理崭新模式即 BIM 工程项目管理的诞生 [见图 1.2.2(B)]。BIM 工程项目管理是建设项目 BIM 生命周期的管理理论和方法，是工程项目管理企业代表业主对建设项目实施全过程或若干阶段的管理和服务的方式。

应当指出的是，BIM 工程项目管理和工程项目管理之间具有本质差异 (见表 1.2.3)。

1.2.2.2　BIM 历史概念集合

1. 历史概念集合及其特征

基于黑格尔的逻辑体系，何新先生提出一种递归性的概念——历史概念集合。这是"对黑格尔所建立的逻辑体系给予一种新的解释[17]"，钱学森教授对历史概念集合给予了很高的评价，称之为"何新树"。

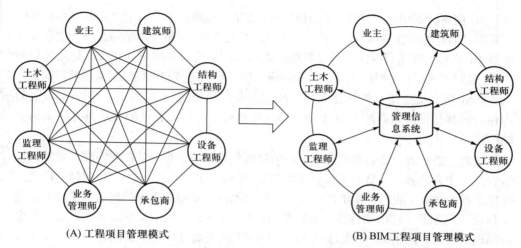

(A) 工程项目管理模式　　　　　　　　　(B) BIM 工程项目管理模式

图 1.2.2　工程项目管理模式和 BIM 工程项目管理模式示意图

表 1.2.3　BIM 工程项目管理和工程项目管理的比较

	比较内容	BIM 工程项目管理	工程项目管理
1	管理模式	BIM 工程项目管理模式	工程项目管理模式
2	支撑理论	BIM 工程项目管理理论	工程项目管理理论
3	支撑技术	BIM 技术	—
4	管理范畴	小土木和大土木建设项目	建筑工程项目
5	涵盖内容	涵盖设计、建造和物业运营全过程	涵盖设计、建造和物业运营
6	核心软件	BIM 建设项目设计软件、BIM 建设项目建造管理软件和 BIM 物业项目运营软件	网络计划技术软件

何新先生认为, 历史概念集合有如下特征:

(1) 这种概念集合中的每一个概念, 都与一定的时间坐标相关联;

(2) 通过在集合中一系列概念的有序过渡, 描述了某一事物的发展进程;

(3) 这种集合中的每一个概念, 都对应于事物的一定历史阶段。

2. BIM 历史概念集合的定义

从记事绳符号 → 横道图 → 双代号网络计划技术 → 单代号网络计划技术 → 结构符号网络计划技术 → 项目管理 → 工程项目管理 → 建筑信息模型 (BIM), 工程管理经历了一个历史的进化过程, 这是工程管理历史发展的必然。工程管理的历史进化过程就是一棵"何新树", 此过程称为 BIM 历史概念集合。BIM 历史概念集合具有以下过程特性。

(1) 当远古人在绳子上第一次打了一个结时, 表明远古人用绳子作为符号载体模拟事物, 产生了结绳记事符号, 于是, 人类探索项目管理的标志性事件发生了。

(2) 用横道符号"▭"(或 "▬") 绘制横道图, 模拟建设项目系统, 标志着人类对项目管理内在结构的定量探索。

(3) 网络计划用绘图符号 (或结构符号) 表达工程项目两个元素之间的联系并获取工程项目运行的内在数据, 揭示了工程项目的系统结构; 网络计划结构符号产生和发展的过程, 是对工程项目时间过程管理的探索过程。结构符号网络计划技术是此过程的产物, 是对工程项目中时间管理本质的正确认识、正确定性和正确定量描述的产物。

BIM 历史概念集合揭示建筑信息模型演化的历史过程, 它在每一个历史阶段的内在时间都是正向指向的。BIM 历史概念集合对项目管理软件的开发具有深刻的影响[18]。

如何以最简洁有效的方式获取工程项目的数据是项目管理的瓶颈问题。我国的项目管理企业为此做了大量的工作和不懈的努力, 取得了一些重要的成果 (例如, 广联达开发了基于建设工程设计图纸的电算方法), 但都没有从根本上解决问题。传统的建设工程设计只考虑了建设项目前生命周期的设计, 而未认识到中生命周期的建造和后生命周期的运营, 从而浪费了设计资源。根据前生命周期设计的主要内容——建设项目平立剖的图形、加工件和预制构件的图形等, 最佳的建设项目设计方案应运而生: 用现代计算机技术, 通过对建设项目图形的模拟实现其图形化和数据化——可以称为 BIM 模拟图形化和 BIM 模拟图形数据化, 用 BIM 模拟图形数据可以再现建设项目的虚拟图形; 此方案应建立建设项目的数据库, 为参与各方提供全方位的有效数据源, 并可以利用其数据实现建设项目的建造。

1.2.2.3 BIM 管理计划和 BIM 项目管理

1. BIM 管理计划

网络计划是具有确定输入、确定输出和具有确定内态的以计划结构符号作为信息载体的封闭系统, 这是一个时间–信息系统。将 BANT 计划引入 BIM 后表示为BIM–BANT 计划, 并辅以 3D 图 (详见下文), 称为 BIM 管理计划。BIM 管理计划除了具有自身的结构与特性 (例如层次结构和时标计划) 外, 还吸收了 3D 图的优势。

2. BIM 项目管理

作为管理术语, 一次性是项目最鲜明的特性。项目管理是以项目为对象的管理理论和方法, 项目过程管理、项目生命周期管理、项目三维管理、项目组织管理是其主要的理论内容。项目三维管理是指时间维、知识维和保障维的管理, 其中保障维指的是对项目人、财、物、技术、信息等的后勤保障管理。项目是千差万别的, 但是对于每一个项目都具有基本相同的管理内容[7]3-6。项目管理的理论研究晚于项目管理实践。将项目管理作为一门学科进行研究始于 20 世纪 60 年代。创建于 1965 年的以欧洲为主体的国际项目管理协会 (IPMA) 和创建于 1969 年的美国项目管理学会(PMI) 一直是项目管理的两大研究组织体系。美国项目管理学会 (PMI) 编制的《项目管理知识体系指南 (第 3 版)》(以下简称《指南》) 是美国项目管理国家标准 (ANSI/PMI99–001–2004)。《指南》界定了项目管理的 5 个过程组和 9 大知识领域及专业知识领域, 这是一个纯技术体系, 是现行项目管理所依据的准理论与遵循的标准[19]。国际项目管理协会则制定了国际项目管理专业资质认证标准[20], 相应地, 在中国产生了《中国项目管理知识体系与国际项目管理专业资质认证标准》[21]。

项目管理是以项目为对象的管理理论和方法, 而网络计划技术则是项目管理的核心技术。单代号网络计划的算法具有逆向计算程序, 存在系统结构不相容的错误; 结构符号网络计划 (或 BANT 计划) 没有逆向计算程序, 不存在系统结构不相容的错误 (参见文献 [7])。依据网络计划技术将项目管理划分为传统项目管理和 BANT 项目管理: 单代号网络计划是传统项目管理的核心技术, BIM 管理计划是 BANT 项目管理的核心技术。将 BANT 项目管理引入建筑信息模型后表示为 BIM–BANT 项目管理, 称为 BIM 项目管理。BIM 项目管理是以 BIM 管理计划作为核心工具对建设项目进行费用、质量、工期等的项目管理, BIM 管理计划是其核心内容。

1.3　结语

建筑信息模型属于工程管理的范畴。人类管理技术经历了古代自发管理阶段、科学管理阶段、现代管理阶段、项目管理和工程项目管理阶段后, 在 21 世纪初迈入了一个崭新的管理时代——BIM 技术是其核心技术, BIM 工程项目管理是其标志。这是人类管理技术发展的必由之路。

在本章中, 作者以全新的视角从工程管理的角度审视、考察和揭示了建筑信息模型产生和发展的内在机理, 提出了 BIM 历史概念集合的术语, 将 BANT 计划和工程项目管理引入建设项目的 BIM 生命周期, 并分别称为 BIM 管理计划和 BIM 工程项目管理。

此外, 作者对 BANT 3.0 软件和美国 P3 软件的实质性差异进行了比较, 充分肯定了 BANT 3.0 软件的历史性进步, 同时阐释了我国管理工作者关于"工程"和"工程项目管理"的创新, 也充分肯定了其历史性贡献。

参考文献

[1] 任世贤. 科学技术工程中项目管理软件核心技术的哲学解读. 科技进步与对策, 2008, 25(10): 12-17.

[2] 何清华, 杨德磊, 郑弦. 国外建筑信息模型应用理论与实践现状综述. 科技管理研究, 2015, 3: 136-141.

[3] 陈延敏, 李锦华. 国内外建筑信息模型 BIM 理论与实践研究综述. 城市, 2013(10): 72-76.

[4] 周霜, 黄振华. BIM 在中国的应用现状分析与研究//第三届 BIM 技术在设计、施工及房地产企业协同工作中的应用国际技术交流会, 2014.

[5] 佚名. 推动国际建筑标准交流 促进 BIM 国家战略升级——APEC 会议政府专机于标准院联合召开 BIM 研讨沙龙. 中国住宅设施, 2014, 8: 120-123.

[6] 刘占省, 赵雪锋. BIM 技术与施工项目管理. 北京: 中国电力出版社, 2015.

[7] 任世贤. 工程统筹技术. 北京: 高等教育出版社, 2016.

[8] 中华人民共和国建设部. 建设工程项目管理规范 (GB/T 50326-2006). 北京: 中国建筑工业出版社, 2006.

[9] 中国建筑学会建筑统筹管理研究会. 工程网络计划技术. 北京: 地震出版社, 1992: 47-48.

[10] 任世贤. 关于网络研究之我见. 任世贤的新浪博客, 2016. 12.

[11] 殷瑞钰. 关于工程与工程哲学的若干认识//杜澄, 李伯聪. 工程研究——跨学科视野中的工程. 北京: 北京理工大学出版社, 2004.

[12] 汪应洛. 工程系统观//殷瑞钰. 工程与工程哲学 (第一卷). 北京: 北京理工大学出版社, 2007, 47-55.

[13] 李伯聪. 略谈科学技术工程三元论//杜澄, 李伯聪. 工程研究——跨学科视野中的工程. 北京: 北京理工大学出版社, 2004, 42-53.

[14] 任世贤. 继承华罗庚先生的遗志——占领国际网络计划技术和项目管理软件的制高点//徐伟宣. 贴近人民的数学大师——华罗庚诞辰百年纪念文集. 北京: 科学出版社, 2010.

[15] 徐伟宣. 华罗庚与优选法统筹法//徐伟宣. 贴近人民的数学大师——华罗庚诞辰百年纪念文集. 北京: 科学出版社, 2012, 143-145.

[16] 丁士昭. 工程项目管理. 北京: 中国建筑工程出版社, 2006.

[17] 何新. 关于 "泛演化逻辑" 的建立 (序) 哲学思考//何新. 哲学思考. 沈阳: 万卷出版公司, 2013.

[18] 任世贤. BANT 软件和美国 P3 软件开发机制的比较. 任世贤的新浪博客, 2016. 12.

[19] (美) 项目管理协会. 项目管理知识体系指南. 3 版. 卢有杰, 王勇, 译. 北京: 电子工业出版社, 2008.

[20] 国际项目管理协会. 国际项目管理专业资质认证 (ICB3.0). 中国 (双法) 项目管理研究委员会, 译. 北京: 电子工业出版社, 2006.

[21] 中国项目管理研究委员会. 中国项目管理知识体系与国际项目管理专业资质认证标准. 北京: 机械工业出版社, 2000.

第 2 章 建筑信息模型

2.1 BIM 的定义

在国际上, 下面 3 种关于建筑信息模型 (BIM) 的定义具有典型性和代表性。

定义 1: "建筑信息模型是在开放的工业标准下对设施的物理和功能特性及其相关的项目生命周期信息的可计算或运算的形式表现, 与建筑信息模型相关的所有信息组织在一个连续的应用程序中, 并允许进行获取、修改等操作"。这是国际标准组织设施信息委员会关于 BIM 的定义。

作者认为, 这里的"可计算或运算的形式表现"是指"对设施的物理和功能特性及其相关的项目生命周期信息"的数字和数字集合的表达。

定义 2: 在 2009 年名为 *The Business Value of BIM* 的市场调研报告中, 美国麦克格劳·希尔 (McGraw Hill) 集团给出的定义是: "BIM 是利用数字模型对项目进行设计、施工和运营的过程。"

定义 3: 美国国家 BIM 标准 (United States national building information modeling standard, NBIMS) 对 BIM 的含义进行了 4 个层面的解释: "BIM 是一个设施 (建设项目) 物理和功能特性的数字表达; BIM 是一个共享的知识资源; BIM 是一个分享有关这个设施的信息, 为该设施从概念到拆除的全生命周期中的所有决策提供可靠依据的过程; 在项目的不同阶段, 不同利益相关方通过在 BIM 中插入、提取、更新和修改信息, 以支持和反映其各自职责的协同作业。"

在考察建筑信息模型产生与发展历史的基础上, 依据前述国际上的 3 种定义[1], 并参考相关的文献和资料, 作者提出如下 BIM 定义: BIM 是建设项目信息化的集成模型, 通过对建设项目图形的模拟获得其自身对应的数据 (数字、数字集合), 并应用此数据再现建设项目的虚拟图形是其鲜明的特点; 它应实现建设项目的图形化和数据化, 为参与各方提供全方位的有效数据源, 并可以利用其数据实现建设项目的建造和运营。

下面阐述作者提出的 BIM 定义与国际上定义的实质性区别。

国际上 3 种关于 BIM 定义的显著共同点包括以下两方面。

(1) 建设项目的"物理和功能特性"可以实现数字、数字集合表达, 也就是说, 建设项目可以用数字方式获得自身的数据 (数字、数字集合), 并且可以用数字实现自身的数据化是 3 种定义的共同点之一。

(2) 建设项目的"物理和功能特性"数据可以被应用是 3 种定义的共同点之二。定义 1 认为, 这些数据的利用应组织在一个"连续的应用程序中"; 定义 2 直接指出"BIM 是利用数字模型对项目进行设计、施工和运营的过程"; 定义 3 深入地说明, 这种利用应贯彻在 BIM 生命周期的全过程。

定义 3 别具创意, 它认为: "BIM 是一个共享的知识资源", 其信息可以在 BIM 生命周期中为"不同利益相关方"分享, "以支持和反映其各自职责的协同作业。"

数字技术 (digital technology, DT) 是依托计算机的科学技术, 它可以运用各种数字手段来实现建设工程项目数据的采集、数据的分析、信息的编码和传输等, 这是一种虚拟技术, 称为 DT 技术。数字技术也称数字控制技术。应用 DT 技术模拟建设工程项目的图形获取建设项目的数据, 并应用该数据再现建设工程项目的虚拟图形, 这本质上是一个设计过程, 称为 DT 模拟图形设计。国际上定义的 BIM 中, DT 模拟图形设计获取的数据称为 DT 模拟图形设计数据, 其获取的方式称为 DT 获取方式, 应用的是 DT 技术。

三维 (3D) 设计实质上是一种模拟图形行为, 通过对建筑工程项目的模拟图形获得建筑工程项目图形对应的数据, 并应用该数据再现建筑工程项目的虚拟图形, 称为 3D 模拟图形设计。3D 模拟图形设计获取的数据称为 3D 模拟图形设计数据, 其获取的方式称为 3D 获取方式, 应用的是 CAD 技术。国际上的定义没有涉及 3D 模拟图形设计。

3D 模拟图形设计和 DT 模拟图形设计统称为 BIM 模拟图形设计。BIM 模拟图形的产生是对建设项目进行模拟图形设计的过程, 这是一个实现数字化和数据化的过程。在此过程中, 3D 模拟图形设计获取数据的方式为 3D 获取方式, CAD 技术是其实现数据化的技术, 应用其可以用 3D 方式再现建设项目的虚拟图形, 称为 3D 数字工程; DT 模拟图形设计获取数据的方式为 DT 获取方式, DT 技术是其实现数字化的技术, 应用其可以用 DT 方式再现建设项目的虚拟图形, 称为 DT 数字工程。3D 数字工程和 DT 数字工程统称为 BIM 数字工程, 建设项目数据化是 BIM 数字工程的必然结果。

根据作者提出的 BIM 定义, 通过模拟图形设计和数字模拟设计获得其对应的数据, 并应用其再现建设工程项目的真实图景, 是 BIM 模拟图形设计的实质。同时, 作者提出的 BIM 定义吸取了国际上定义的创新点, 明确指出: BIM 应实现建设工程项目的图形化和数据化, 为参与各方提供全方位的有效数据源, 并可以利用其数据实现建设工程项目的建造和运营。这里的"数据化"不仅是 3D 模拟图形设计数据化, 而且还包括 DT 模拟图形设计数据化。通过 3D 模拟图形设计获得建设工程项目对应的数据是基本的途径, 但通过 DT 模拟图形设计也是一个重要的途径。必须特别指出的是: 与国际上的 BIM 定义相比较, 作者提出的 BIM 定义中"应用此数据再现建设工程项目的虚拟图形是其鲜明的特点"是另一个创新点。这里"再现"的不仅是 3D 模拟图形数据对应的建筑工程项目自身的虚拟图形, 而且还包括 DT 模拟图形数据对应的建设工程项目的虚拟图形, 在这一过程中, 参数化起到了决定性的作用。参数化是一个非常重要的设计理念, 它关注元素之间和各个设计工种之间的相关性、相容性和优化性。

用 BIM 模拟图形数据可以再现建设项目的 BIM 模拟图形。BIM 模拟图形反映了建设项目图形的设计状态, 揭示了建设项目的图形结构及其内在联系。例如, 建设项目平立剖的图形、加工件和预制构件的图形。BIM 模拟图形本质上是虚拟图形。用 BIM 模拟图形数据再现建设项目的虚拟图形即 BIM 模拟图形是一个优化和相容辨识的过程。

BIM 模拟图形和 BIM 模拟图形数据之间存在对应联系, 如果实现了 BIM 模拟图形和 BIM 模拟图形数据之间的对应联系, 则称为建设项目建立了自身的耦合模型, 该模型称为 BIM 图形耦合模型。

综上所述, 作者提出的 BIM 定义具有创新性。

在作者关于符号学跨工程管理学科的研究成果的基础上[2,3], 本书创立了建筑工程符号学——BIM 基础理论。建筑工程符号学是作者提出的 BIM 定义的理论依据。

2.2 BIM 技术

BIM 技术属于工程技术层次。

2.2.1 BIM 技术的特性

国内外关于 BIM 技术的研究表明, BIM 技术具有以下特性。

(1) 人文性。BIM 技术是人类为了生存和自由在建设工程领域内实践和思考的结晶, 同时 BIM 技术用其科学之光辅佐人类探索和创新, 用其科技的魅力关照人类, 健全人类自身和改造人类的生存环境。BIM 技术将在更大的范围内把设计人员解放出来, 赋予建设项目的施工人员、工程管理人员更多的自由度, 释放他们的创新能量, 帮助他们提高设计和施工的质量。在建设工程的设计和建造中, 应充分体现 BIM 技术的人文性。例如, 在建设项目的施工中要以人为本, 应更多减轻工人的劳动强度, 关照工人的健康等。

(2) 模拟性。3D 模拟图形是建设工程设计阶段重要的 BIM 技术, 具体体现为: 通过 3D 获取方式获得 BIM 模拟图形数据即 3D 模拟图形数据, 并应用其再现建设项目的虚拟图形即 3D 模拟图形。3D 模拟图形是 BIM 技术的基本特征。

(3) 时间性。在 BIM 技术中, 与能量只能从高能量的物体传向低能量的物体而不能自发地逆向传递一样, 建设项目的运行也具有方向性——总是沿 Time 轴的方向运行, 这表明其运行的方向与时间密切相关。作者的研究表明: BIM 技术的时间特性具体表现在 BIM 所依据的坐标系, 表现在 BIM 前生命周期的运行规律中, 表现在描述 BIM 运行的术语中。

(4) 相容性。BIM 技术反映的是建设工程内部的关系, 这些关系之间存在相容性 (或同一性、协同性、和谐性)。BIM 技术的相容性强化了建设项目各个工种之间的协同设计, 强化了各个参与方的合作、协调一致。

(5) 参数化。实体 (或构件) 与图元是关于能指和所指的概念。实体 (能指) 是可视化的图形; 图元 (所指) 是构件对应的数据或函数, 二者之间存在对应联系, 具有相容性。建立了实体和图元之间的对应联系, 遂可认为 BIM 技术实现了参数化, 称为 BIM 参数化。

(6) 可视化。在建设项目的 BIM 图形中, 如果建立了 BIM 图形和 BIM 图形数据之间的对应联系, 则该建设项目就实现了可视化, 称为 BIM 可视化。BIM 可视化是 BIM 技术的靓点, 是令人激动的创新和贡献。

(7) 协同性。在建筑信息模型中, 元素是可以被识别的, 并且元素之间存在内在的联系, 建立元素之间的关系可以实现系统的协同性描述, 称为 BIM 协同性。BIM 协同性具体表现为: 对于同一个构件, 只需要输入一次, 各个工种就可以共享该数据; 如果某一数据发生了变更, 各个相关数据也将更新。

(8) 协同优化功能。实现了参数化设计的 BIM 图形耦合模型称为 BIM 参数化模型。BIM 参数化模型属于 BIM 前生命周期子系统, 它赋予 BIM 技术以这样的功能: 在 3D 模拟图形中修改任何一个设计数据, 相关元素和相关设计工种的设计数据也会随之改变, 称为 BIM 协同优化功能。

(9) 信息完备性。建筑信息模型应实现建设项目物理特性和功能特性。在 BIM 技术中具体体现在为建设项目提供全方位的工程数据, 称为 BIM 信息完备性 (参见文献 [1])。

(10) 可出图性。建筑信息模型的各类软件能够为用户提供建设项目各个工种的设计图纸, 提供相关工种构件加工图纸的功能, 称为 BIM 可出图性。例如, 为用户提供 BIM 碰撞核查图和 BIM 碰撞核查报告等资料就属于 BIM 可出图性。

建筑信息模型理论提出后, 得到了各国政府的积极支持, 很快就在建设工程领域内形成一种时尚。从 2011 年 5 月至今, 我国政府相关职能部门已经发布了 4 个与 BIM 相关的文件[4-7]。其中, 文献 [7] 中指出: "加快推进建筑信息模型 (BIM) 技术在规划、勘察、设计、施工和运营维护全过程的集成应用, 实现工程建设项目全生命周期数据共享和信息化管理, 为项目方案优化和科学决策提供依据, 促进建筑业提质增效。" 由于我国政府的关注与支持, 特别是住房城乡建设部的具体支持与统筹策划, 许多的大型企业和设计院开展了 BIM 技术的研究, BIM 技术的研究成果在一些大型建设项目中得到了应用, 并且取得了令人瞩目的成果。

2.2.2 BIM 技术的优势

BIM 技术和 BIM 软件密切相关。何谓 BIM 软件呢? 在 BIM 生命周期中产生的各种类型的软件统称 BIM 工程项目管理理论和方法软件/BIM 工程项目管理软件, 通常称为 BIM 软件。

BIM 建设项目设计软件/BIM 设计软件、BIM 建设项目建造管理软件/BIM 建造管理软件以及 BIM 物业运营软件是 BIM 软件包含的主要软件。

各种 BIM 软件都具有自身的开发内容, 这些开发内容的理论内涵构成 BIM 生命周期管理理论/BIM 理论。BIM 理论可以按照 BIM 生命周期划分: BIM 设计软件是在前生命周期开发的, BIM 模拟图形设计软件 | BIM 核心建模软件是其核心软件, 故其理论内涵构成 BIM 设计软件的开发理论; BIM 建造管理软件是在中生命周期开发的, BIM 项目管理软件是其核心软件, 其理论内涵构成 BIM 建造管理软件的开发理论; BIM 物业运营软件是在后生命周期开发的软件, 其理论内涵构成 BIM 物业运营软件的开发理论。

BIM 软件是 BIM 技术最有力的展示手段。BIM 技术之所以得到政府的支持和企业的欢迎, 是因为 BIM 软件和 BIM 技术具有强大的优势和良好的发展前景。目前的

BIM 软件和 BIM 技术已经表现出了很强的优势。

BIM 模拟图形设计软件 | BIM 核心建模软件也是 BIM 软件包含的主要软件。BIM 核心建模软件可以实现以下任务。

1. 提供 BIM 模拟图形

(1) 再现建设项目 BIM 模拟图形。3D 模拟图形设计通过模拟图形获得建设项目的图形数据即 3D 模拟图形数据, 应用该数据不仅可以再现建设项目的平立剖图形, 而且还可以再现建设项目整体的建筑图形 (见图 2.2.1)。

图 2.2.1 建筑信息模型的杰出成果: 中国尊

(2) 提供建设项目的三维形象进度图形。发达国家已经认识到传统建设项目管理软件存在系统结构不相容的错误[8-11], 从而放弃了美国 P3 软件, 重新寻找表达计划进度的新方法。在图 2.2.2 中所示的 3 个三维工程图形中, 每一个都具有表示建设项目在某一时刻形象进度的作用, 称为 BIM 三维形象进度图 | 3D 图。BIM 模拟图形和 BIM 管理计划是本书所指的 BIM 图形。3D 图本质上是一种特定的 BIM 模拟图形, 因为 3D 图是由 BIM 模拟图形数据确定的。应用 BIM 模拟图形数据可以实时提供建设项目的 3D 图。

图 2.2.2 是用单纯的 3D 图表达的进度计划, 称为 BIM 模拟计划 | 3D 图计划。应当指出的是, 3D 图计划是定性计划。

 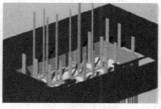 

(A) 时刻1的进度状态　　　　　(B) 时刻2的进度状态　　　　　(C) 时刻3的进度状态

图 2.2.2 某建设项目的 3D 图计划

在图 2.2.3 中, 用 4 个 3D 图表达建设项目的实时进度计划, 鉴于该图中的横道图也是依据单代号网络计划计算的计划时间定位的, 故将这种辅以 3D 图表达建设项目的横道计划称为 3D 图–单代号横道计划。

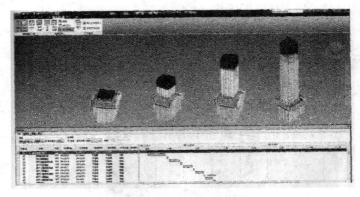

图 2.2.3 某工程项目的 3D 图–单代号横道计划

3D 图是一个实体概念, 因为建设项目的 3D 图是依据 BIM 模拟图形数据再现的, 所以每一个 3D 图都蕴含 (或对应) 了一个特定的数据集合; 3D 图是一个时刻概念, 故 3D 图计划应实时反映建设项目的时刻特征。3D 图–单代号横道计划是国内外目前探索的一种计划表达方式, 3D 图是其优势。单代号计划存在系统结构不相容的错误, 并且没有时标网络计划功能, 这是造成单代号横道计划没有计算功能和不能表达计划层次结构的原因。因此, 不能采用单代号横道计划。

图 2.2.4 是用坐标系标识符号 "o⊶——▶Time" 取代图 2.2.3 所示的单代号横道计划中的横道计划曲线所得到的计划图形, 这种用单纯的 3D 图表达的定量计划图形称为 3D 图时标计划。

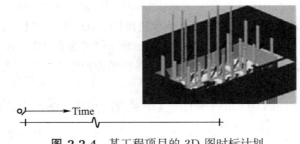

图 2.2.4 某工程项目的 3D 图时标计划

BIM 管理计划实质上是 BANT 计划和 3D 图组合的表达方式 (参见图 2.2.5)。图 2.2.5 所示的搭接管理计划是在基本计划的基础上用搭接结构符号 "o⊶————⊶o" 绘制的。图 2.2.5 表明, BIM 管理计划的曲线不仅具有层次结构, 还具有时标计划的表达方式。

BIM 管理计划除了具有自身的结构与特性外, 还吸收了 3D 图的优势。

这里, 需要做两点说明: 第一点, BANT 定性计划 (或等权计划) 解决的是元素之间的逻辑关系, 时间单位 (年、月、周和日) 的设置是在 BANT 定量计划 (时标计划) 中完成的; 第二点, 由于幅面的关系, 图 2.2.5 采用的是 BIM 定性管理计划的表达方

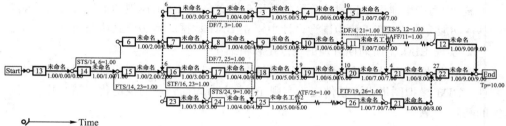

图 2.2.5 某建设项目 BIM 定性搭接管理计划在 BIM 节点 9 的实时运行状态图

式——如果要看该图的 BIM 时标计划, 只需要在此软件上点击"时标计划"即可。另外, 如果用户想了解建设项目计划任意时刻的运行状态, 只需要在此软件上点击该任意时刻的 BIM 节点就可以看到如图 2.2.5 所示的 BIM 管理计划。

在理论上, BIM 模拟计划和 BIM 管理计划统称为 BIM 计划, BIM 模拟计划时间和 BIM 管理计划时间统称为 BIM 计划时间。本书将 3D 图计划、3D 图时标计划、3D 图-横道计划和 3D 图-单代号横道计划统称为 (广义)BIM 模拟计划。在实际的应用中, BIM 管理计划必然代替 (广义)BIM 模拟计划。因此, 本书的 BIM 计划事实上就是 BIM 管理计划。

本书以 BIM 模拟计划 | 3D 图计划为例来反映 (广义)BIM 模拟计划。

2. 为产生建设项目建造阶段的数据创造条件

在建设工程设计阶段用 BIM 模拟图形数据可以再现建设项目的虚拟图形, 这就是 BIM 模拟图形。BIM 模拟图形设计能够提供 BIM 模拟图形, 这是令人激动的创新和贡献。在建设工程设计阶段, 通过 BIM 模拟图形, 设计师们可以洞悉建筑物的整体形象、空间结构, 可视化地了解建设项目各个设计工种之间的协同 (或相容) 状态, 进而实现建设项目的优化。

在 BIM 前生命周期子系统运行的过程中会产生庞大的数据, 对这些数据组织、存储和管理的方式称为 BIM 工程项目管理数据库/BIM 数据库。通过 BIM 数据库可以将建设项目的前、中生命周期联系起来, 用统一的数据源来规范各种信息的交流, 协同信息流的相容性, 保证系统信息流的畅通。

BIM 管理计划具有层次结构, 层次结构特性具体表现为: 由元素矢"⬚—[i]—▸D_i"和虚矢"------▸"绘制的建设项目 BIM 管理计划称为 BIM 基本管理计划 | 4D 进度计划; 在 BIM 基本管理计划的基础上增加了搭接链"◦——◦"者称为 BIM 搭接管理计划。在图 2.2.5 所示的 BIM 管理计划中, 除了具有 BIM 基本管理计划外, 还具有 BIM 搭接计划以及 BIM 流水管理计划, 这样的计划称为 BIM 综合管理计划。图 2.2.5 描述了该计划 BIM 节点 9 的计划系统实时运行状态; 图上方的 3D 图描述了在

BIM 节点 9 所示时刻完成的形象进度。

5D 成本计划则是增加了费用的各种类型的 BIM 综合管理计划。

按照 BIM 管理计划理论内涵开发的软件称为 BIM 管理计划软件。在工程建造阶段，BIM 管理计划软件应能够通过 BIM 数据库获取关于建设项目的相关数据。用 BIM 管理计划软件获取和产生的数据可以称为 BIM 管理计划数据。

显然，为产生建设项目建造阶段的数据创造条件是 BIM 模拟图形设计软件应具有的基本功能——在 BIM 模拟图形设计中建立 BIM 数据库是实现此功能的有效途径。

3. 实现 BIM 生命周期管理的规范化和精细化

BIM 模拟图形设计反映的是建设项目内部的相关关系，这些相关关系之间存在相容性。BIM 模拟图形设计软件应为实现 BIM 生命周期管理的规范化和精细化奠定坚实的基础。

1）BIM 生命周期管理的规范化

BIM 模拟图形设计软件不仅可以为我们提供 BIM 模拟图形，而且还可以提供 BIM 数据库，为参与各方提供全方位的有效数据源，并利用相关数据实现建设项目的建造，从而为实现 BIM 生命周期管理的规范化奠定坚实的基础。建设项目计划管理的工具是不可或缺的。利用建设项目统一的工程数据可以将结构符号网络计划技术（或 BANT 计划）融入 BIM 技术，BIM 管理计划就是这一理念的产物。

2）BIM 生命周期管理的精细化

精细化管理是一种理念，是一种文化。BIM 参数化是 BIM 生命周期管理精细化最有力的武器。在制造业中，企业的精细化管理已经很成熟。建设项目的质量是精细管理的目标，因此将精细化管理融入建筑信息模型是十分自然的事情。建设项目的设计需要工匠精神，管理也需要工匠精神，实现 BIM 生命周期管理的精细化应是 BIM 最激动人心的口号。建筑信息模型各种类型软件的不断出现表明了这一点。

BIM 生命周期的精细化管理应首先做好以下 3 个方面。

（1）实现建设项目的 BIM 参数化。参数化是 BIM 模拟图形设计的重要理念，在 BIM 模拟图形设计中应实现建设项目的 BIM 参数化。

（2）建立 BIM 模拟图形和 BIM 管理计划之间的内在联系。结构符号网络计划（BANT 计划）的系统结构具有层次结构特性，称为结构符号网络计划的 AHP 嵌套系统层次结构/BANT 计划层次结构。将 BANT 计划层次结构引入建筑信息模型后，称为 BIM-BANT 计划层次结构 | BIM 管理计划层次结构（见图 5.2.1 和图 5.2.2）。按照 BIM 管理计划层次结构理论内涵开发的软件具有将建设工程项目分解为 AHP 嵌套结构并对之编码的功能，这就是 BIM-WPS 软件。在 BIM-WPS 软件中，BIM 管理计划层次结构体现为建设项目工作分解结构的模式，称为 BIM-WBS 编码结构，简称 WBS 结构，可以表示为 WBS 编码结构/WBS 结构。BIM-WBS 结构是建立 BIM 模拟图形设计和 BIM 管理计划之间内在联系的正确途径：在建设工程设计阶段，应用 BIM-WPS 软件细化建设项目的 BIM-WBS 结构，并通过 BIM-WBS 结构编码把 BIM 模拟图形设计与 BIM 数据库联系起来；在建设工程建造阶段，应解决好从 BIM 数据库获取所需计划数据和调用相关 BIM-WBS 结构编码的问题。

(3) 开发好 BIM 管理计划软件自动生成 3D 图的功能。BIM 管理计划的 3D 图不仅是一个工程实体概念, 而且还是一个实时运行的概念, 依据 BIM 数据库的相关数据可以自动实时再现此工程实体。调用 BIM 数据库的相关数据自动生成 3D 图是 BIM 管理计划软件开发的目标, 也是 BIM 管理计划软件开发的关键。

BIM 的正确定义对于 BIM 技术的规范化和标准化具有理论和现实意义。

2.2.3　CAD 软件和 BIM 软件的实质性差异

BIM 建设项目设计软件/BIM 设计软件和 BIM 建设项目建造管理软件/BIM 建造管理软件是 BIM 软件的主要软件, 应通过 BIM 数据库把建设项目的前生命周期和中生命周期联系起来, 用统一的数据源来规范 BIM 设计软件和 BIM 建造管理软件之间各种信息的交流, 协同其信息的相容性, 保证 BIM 系统信息流的畅通。

BIM 软件是 CAD 软件尤其是 3D CAD 软件的直接发端。3D CAD 软件产生于 20 世纪 60 年代, 主要用于构图; CAD 软件是在其基础上发展起来的, 智慧化、集成化和网络化是 CAD 软件的特点。CAD 软件和 3D CAD 软件是建筑信息模型各类软件的支撑技术。BIM 软件是其信息化集成化技术。

通过 CAD 软件和 BIM 软件的比较可以较深刻地认识 BIM 软件的优势。为了使读者减少理论阐释的困扰, 作者通过 3D CAD 软件和 BIM 软件的比较 (见表 2.2.1) 来反映 CAD 软件和 BIM 软件的实质性差异。

表 2.2.1　3D CAD 软件与 BIM 软件的比较

	比较内容	3D CAD 软件	BIM 软件
1	坐标系	依托三维坐标系	依托 BIM 坐标系, 这是四维空间坐标系
2	软件性质	建设项目的一般绘图工具	是建设项目 BIM 前、中、后生命周期子系统设计和管理的有效工具
3	参数化	一般的参数化概念	BIM 参数化模型
4	相容性	一般的相容性概念	BIM 相容性模型
5	数据库设计	没有数据库的设计	有 BIM 数据库的设计
6	主要软件	3D CAD 软件	BIM 设计软件、BIM 建造管理软件和 BIM 物业运营软件
7	基本特点	3D CAD 软件是数据化软件工具, 可以为参与各方提供相容的数据	BIM 设计软件和 BIM 建造管理软件可以实现建设项目的数据化开发, 为参与各方提供全方位统一的数据, 并可以利用之实现建设项目的设计和建造

对表 2.2.1 简要说明如下。

(1) 第 1 栏: BIM 软件依据的是四维空间坐标系。在建筑信息模型中任何一个元素都具有内在的时间, 总是沿正向运行。这是 BIM 软件是依据四维空间坐标系开发的理论依据。

(2) 第 2 栏: 在建设工程设计阶段, BIM 软件是以 BIM 模拟图形为表达手段的工具。例如, 3D 模拟图形数据确定 (再现) BIM 前生命周期子系统的建设工程图形即 3D 模拟图形。

(3) 第 3 栏: BIM 参数化意味着元素之间、各个设计工种之间的关联性与相容性, 意味着设计的精细化。

(4) 第 4 栏: BIM 核心建模软件和 BIM 管理计划之软件间存在相容性, BIM 管理计划软件的开发应反映这一特性。

(5) 第 5 栏: 从广义的角度讲, 应用 BIM 核心建模软件的过程就是一个关于数据库设计的过程。

(6) 第 7 栏: BIM 模拟图形设计软件产生的数据与建设项目的 BIM 生命周期相关, 而 3D CAD 软件产生的数据则与此无关, 这是最本质的区别。

2.2.4 BIM 技术的定义

在建筑信息模型中, BIM 技术属于工程技术层次。BIM 第一次揭示了建设项目的 BIM 生命周期, 将工程建筑传统设计浪费的数据资源利用起来, 从而产生了 BIM 技术, 这是在人类管理思想和技术发展的历史过程中绽放的奇葩, 是人类管理技术发展的必由之路, BIM 工程项目管理是其标志。BIM 技术是依据 CAD 技术发展起来的信息模型集成技术, 这是一种崭新的信息技术, 模拟图形是其本质, 通过模拟图形获得模拟图形数据, 并用该数据再现建设项目的真实图形是其亮点与创新。

BIM 技术本质上是一个关于建设项目软件概念, 是一个关于图形化和数据化、相容性和协同化的概念, 它主要体现为 BIM 核心建模软件和 BIM 项目管理软件以及 BIM 物业运营软件。因此, BIM 技术本质上是建设项目的大数据。

2.3 BIM 数字工程

BIM 模拟数字工程技术 | BIM 数字工程属于工程技术层次。

2.3.1 BIM 数字工程的定义与分类及其特性

2.3.1.1 BIM 数字工程的定义

基于仿真的数据化方法是第三次工业革命的产物, 称为图形仿真模拟数字工程技术/仿真数字工程, 显然, 仿真数字工程是一种模拟图形的数据化方法。将仿真数字工程的概念引入 BIM, 并在图形模型与其数据模型之间建立起对应联系, 就得到建设项目的 BIM 模拟图形模型和 BIM 模拟图形数据模型, 应用后者的数据可以再现建设项目的虚拟图形, 称为 BIM 模拟数字工程技术/BIM 数字工程。BIM 数字工程将建设项目中复杂多变、离散、非结构化的信息转变为可度量的数据、数据集合, 这是第四次工业革命中新的数据化方法。

BIM 将建筑工程的外观与结构、材料与用途等从其使用的功能中抽象出来, 把建筑工程设计、建造和维护的问题转化为信息语言, 从而获得了非建筑学和非建筑工程学的文化功能和文化意蕴, 并在信息符号语言化后形成了目前的 BIM 数字工程和 BIM 技术。应当指出的是: 数据或数据集合是 BIM 数字工程中 "数字" 的准确含义。

建设工程是 BIM 数字工程和 BIM 技术面对的工程对象, 这是一个涉及工业与民用建筑 | 小土木和工程建设领域各个相关行业 | 大土木的工程概念。"小土木" 即工业与民用建筑; "大土木" 即工程建设领域各个相关行业, 例如公路桥梁、铁路隧道、火电、水电和水利等。从施工的角度讲, 小土木是指建筑建造项目; 大土木则是指水利水电、公路铁路、桥梁隧道、航空航天等领域中的工程建造和工程制造项目。

2.3.1.2 BIM 数字工程的分类

依据 BIM 数字工程的定义, 按照 BIM 模拟图形获取数据的两种方式 (3D 获取方式和 DT 获取方式), 可以将 BIM 数字工程划分为 3D 数字工程和 DT 数字工程; 前者适用于标准化的建设工程和小土木建设项目, 后者适用于非标准化的建设工程和大土木建设项目, 在同一个建设项目的设计中, 二者可以交互应用。

从表 2.3.1 可以看出: 对建设项目进行模拟图形时获取数字的方式是 3D 数字工程与 DT 数字工程的实质性差异: 3D 获取方式是 3D 模拟图形获取数据的方式, CAD 技术是其实现数字化的技术; DT 获取方式是 DT 模拟图形获取数据的方式, DT 技术是其实现数字化的技术。

表 **2.3.1**   3D 数字工程和 DT 数字工程的比较

	比较内容	3D 数字工程	DT 数字工程	说明
1	BIM 图形耦合模型	具有 3D 图形耦合模型	具有 DT 图形耦合模型	
2	BIM 参数化模型	具有 3D 参数化模型	具有 DT 参数化模型	3D 数字工程基于 3D 获取方式; DT 数字工程基于 DT 获取方式
3	BIM 图形设计模型	具有 3D 图形设计模型	具有 DT 图形设计模型	
4	数字化实现技术	CAD 技术	DT 技术	
5	主要应用对象	标准化的建筑工程和小土木建设项目	非标准化的建筑工程和大土木建设项目	

2.3.1.3 BIM 数字工程的特性

BIM 数字工程在其运行的过程中具有下面的主要特性。

(1) BIM 模拟图形可视化。应用 BIM 核心建模软件 (3D 核心建模软件、DT 核心建模软件) 对建设项目进行模拟图形设计的过程就是实现元素和相关设计工种数据化的过程, 这是一个实现建设项目 BIM 前生命周期子系统图形化的过程, 称为 BIM 模拟图形可视化。BIM 模拟图形可视化是建筑信息模型的主要特性之一。

(2) BIM 协同优化。应用 BIM 核心建模软件对建设项目进行模拟图形设计的过程应是一个实现 BIM 参数化模型 (3D 参数化模型、DT 参数化模型) 的过程, 也是 BIM 参数化模型优化的过程。BIM 参数化模型具有优化功能, 称为 BIM 协同优化功能。BIM 协同优化是 BIM 数字工程的又一主要特性。

2.3.2 BIM 数字工程与 BIM 技术

建筑信息模型存在两个层次: 建筑工程符号学属于技术科学层次, BIM 数字工程和 BIM 技术都属于工程技术层次 (见表 2.8.1); 前者是第四次工业革命新的数据化方法, 后者则是在大数据背景下依据 CAD 技术发展起来的一种崭新的信息技术。BIM 将建筑工程的外观与结构、材料与用途等从其使用功能中抽象出来, 把建筑工程设计、建造和维护的问题转化为信息语言, 从而获得了非建筑学和非建筑工程学的文化功能和文化意蕴, 并在信息符号语言化后形成了目前的 BIM 数字工程和 BIM 技术。

BIM 技术属于 BIM 数字工程范畴。BIM 数字工程本质上是 BIM 模拟图形设计模型, 用其获得数据可以再现建设项目的虚拟图形; 模拟图形是 BIM 技术的本质, 通过模拟图形获得模拟图形数据, 并用该数据再现建设项目的虚拟图形是其亮点与创新。BIM 技术是 BIM 数字工程的外延。

BIM 技术主要有两部分内容: 第一是建设项目的 BIM 模拟图形 (3D 模拟图形和 DT 模拟图形), 具体体现为 BIM 模拟图形与 BIM 模拟图形数据的同一性, 在此过程中应生成建设项目的 BIM 数据库; 第二是从 BIM 数据库中读取相关数据, 实现多维模拟应用, 具体表现为 BIM 管理计划的拓展应用。例如 4D 进度计划和基于 4D 进度计划的成本管理即 5D 成本计划。BIM 技术应实现建设项目的图形化和数据化。BIM 技术反映的是建设项目内部的相关关系, 这些相关关系之间存在相容性, 主要表现为 BIM 前生命周期子系统和 BIM 中生命周期子系统的相容性。

BIM 技术是人类为了生存和自由在工程管理领域内实践和思考的结晶, 它用其科学之光辅佐人类探索和创新, 用其科技的魅力关照人类、健全人类自身和改造人类的生存环境, 它将在更大的范围内把建设工程设计人员解放出来, 赋予建设项目的施工人员、工程管理人员更多的自由度, 释放他们的创新能量, 帮助他们提高设计和施工的质量。

BIM 技术与 BIM 数字工程直接相关, 它为 BIM 数字工程提供了底层技术支持。

2.4 BIM 管理计划

2.4.1 图与数

在符号学看来, 图就是数, 数也就是图, 即图与数之间存在对应联系。以下举八卦图和画线算法计算图两个例子。

2.4.1.1 八卦图

河图是我国古代最早的星图历法 (见图 2.4.1), 相传燧人氏是河图创始者, 八卦图则是伏羲依据河图所创。

图 2.4.2 所示的是我国古代的八卦图。在图 2.4.2 中, 八卦图最基本的单位是爻, "——"和"— —"是表示爻的符号, 前者称为阳爻, 后者称为阴爻。西方学者巴德认为八卦起源于古代的计算工具"算筹", 爻就是算筹的表达方式。日本三上义夫在《中国算学之特色》中也主张此说。在《乾坤谱》中, 阳爻代表大月 30 天, 阴爻代表小月 29 天。乾六阳爻坤六阴爻和 12 爻, 代表一年 12 个月。中华先祖用八卦图推演事理时,

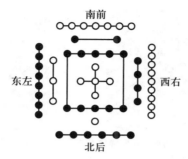

图 2.4.1 中国古代最早的星图历法——河图

八卦图就是能指, 爻就是所指, 在推演中, 八卦图的每一变化, 都对应着一组爻; 确定后的八卦图描述特定的事理, 这就是八卦图的意指。显然, 中华先祖已经在八卦图 (事理图形模型) 和爻 (事理算法模型) 之间建立起了对应的关系。需要指出的是, 这里的"算法"还只是定性的分析方法。

顺便指出: 沿正向构图是我国古代文明构图的传统画法。图 2.4.2(B) 中逆时针八卦图是错误的, 其画法违背我国古代文明正向构图的传统, 这里的正向构图就是顺时针方向构图。

(A) 顺时针式　　　　　　　(B) 逆时针式

图 2.4.2 中国古代的八卦图

河图 (河图结构) 是中国古代认识论模型。特别指出: 符号学属于逻辑学, 而河图则是元逻辑[12]。

因此, 八卦图是最早的符号学[13]。

2.4.1.2 画线算法计算图

1. 实例

在中国是用九九乘法表进行乘法运算的。在国外, 有一种乘法的计算方法叫画线算法 (参见图 2.4.3)。图 2.4.3 可以称为画线算法计算图/画线计算图。

从图 2.4.3 可以看出, 画线算法所用的图与计算的数 (结果) 之间建立了对应联系——图与数之间的对应联系。因此, 画线算法遵循符号学的基本原理。

在图 2.4.3(D) 中, 方框标定的是十位的数点方法。

2. 画线算法计算图结果的读取方法

1) 读取规定

画线算法计算图结果的读取规定参见图 2.4.4。

(A) 先画一条竖线代表"10"，再画两条竖线代表"2"

(B) 接着画两条横线表示"11"

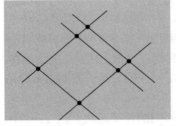

(C) 然后开始把这些线的交叉点找出来

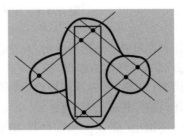

(D) 结果是 132

图 2.4.3　画线算法计算图

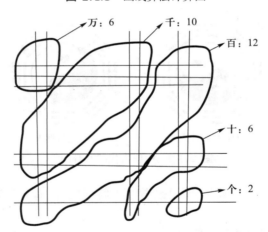

图 2.4.4　画线算法计算图结果读取规定的示意图

2) 读取实例

画线算法读取结果的方法参见图 2.4.5(A)。在图 2.4.5(B) 中，依据画线算法计算图数点时，应从右上方表示个位的 12 个点开始，超过 10，进一位，并在旁边标注一下；在图 2.4.5(B) 中，进位后个位的读数是 2。在图 2.4.5(C) 中，依据画线算法计算图读取十位数时读数是 8，加上进位的 1 后，最后的读数是 9。在图 2.4.5(D) 中，依据画线算法计算图读取百位数时 (参见细线标注) 读数是 3，并进位 1。这样，千位的读数就是 3了。于是，得到 212 × 16 = 3 392。

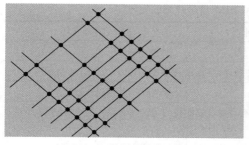

(A) 212×16的画线算法计算图

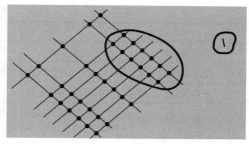

(B) 212×16画线算法计算图读取时进位的示意图

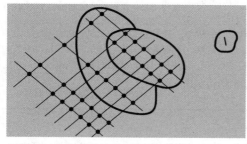

(C) 212×16画线算法计算图读取十位数的示意图

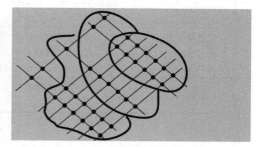

(D) 212×16画线算法计算图读取百位数的示意图

图 **2.4.5** 212×16 的画线算法计算图

2.4.2 BIM 模拟计划与 BIM 管理计划的比较

迄今为止, 横道图、单代号计划、双代号计划和结构符号网络计划 | BANT 计划是国内外 4 种定型的计划方法。横道图没有计算功能。单代号计划在 Time 轴上的投影为一点, 故没有时标计划的表达功能。双代号计划没有实现结构符号化, 故不能实现时标计划化。单、双代号计划均存在系统结构不相容的错误。因此, 在建筑信息模型中, 单代号横道模拟计划, 单、双代号计划都不能作为 BIM 管理计划的表达方式。

计划曲线是计划定性和定量分析的基础和依据。BANT 计划实现了结构符号化, 从而赋予了肯定型和非肯定型各种计划类型以统一的时标计划; BANT 计划没有逆向计算程序, 不存在系统结构不相容的错误, 它是对传统计划和相关理论进行新的理论综合的产物, 是系统设计的产物, 描述建设项目的施工过程是 BANT 计划的功能, 它揭示了建设工程建造生命周期的内在逻辑。BANT 3.0 软件是当今最科学、最实用的网络计划技术软件。因此, BIM 管理计划是最佳表达方式 (见表 2.4.1), 是软件的核心内容。

对表 2.4.1 做如下简要说明。

(1) 第 2 栏: BIM 管理计划基本数据分别界定了 BIM 模拟计划和 BIM 管理计划的计划曲线。

(2) 第 3 栏: BIM 模拟计划仅仅是单代号横道图的图形的表达方式, 该表达方式没有形成计划逻辑, 且表达的计划内容存在系统结构不相容的错误; BIM 管理计划是典型的计划逻辑, 时标计划是其特色。

表 **2.4.1** BIM 模拟计划和 BIM 管理计划的比较

	比较内容	BIM 模拟计划	BIM 管理计划
1	所依据的坐标系	三维坐标系	四维坐标系
2	基本数据的来源	BIM 模拟计划和 BIM 管理计划的基本数据都可以来自 BIM 数据库	
3	是否为时标计划	非时标网络计划	典型的时标网络计划
4	二者实质性差异	BIM 管理计划除了具有自身计划曲线的结构和功能特性外,还吸收了 3D 图模拟计划的优势——3D 图的优势	
5	图形模型与数据模型的关系	BIM 模拟计划没有建立 BIM 图形模型与 BIM 数据模型之间的对应联系	BIM 管理计划建立 BIM 图形模型与 BIM 数据模型之间的对应联系
6	能否表达相关节点之间和节点与计划系统的联系	不能获得相关 BIM 节点之间的相关信息,也不能获得节点与建筑信息模型整体实时运行状态的相关数据	能够获得节点之间的相关信息,也能够获得节点与建筑工程项目计划整体实时运行状态的相关数据
7	层次结构特性	BIM 模拟计划不具有层次结构特性	BIM 管理计划具有层次结构特性

(3) 第 6 栏: 因为 BIM 模拟计划没有建立 BIM 图形模型与 BIM 图形数据模型之间的对应联系, 所以不能获得相关 BIM 节点之间的相关信息, 也不能获得节点与建筑信息模型整体实时运行状态的相关数据; 因为 BIM 管理计划建立 BIM 图形模型与 BIM 图形数据模型之间的对应联系, 所以能够获得节点之间的相关信息, 也能够获得节点与建筑工程项目计划整体实时运行状态的相关数据。

(4) 第 7 栏: BIM 管理计划赋予了肯定型和非肯定型结构符号网络计划各种计划类型以时标计划, 这是因为 BIM 管理计划具有层次结构特性, 且其 BIM 图形与 BIM 图形数据之间建立了对应联系。

2.4.3 BIM 模拟计划软件的非内在系统机制

按照 BIM 模拟计划理念开发的软件称为 BIM 模拟计划软件。建筑信息模型具有自身的系统机制, 它应反映系统元素所处的环境与条件、元素之间的内在联系以及系统结构的相容性。BIM 模拟计划软件的开发应体现 BIM 系统的内在机制。

BIM 模拟计划软件的开发存在非内在系统机制, 主要表现为以下 4 个方面。

(1) 在 BIM 中生命周期子系统中, BIM 管理计划软件从 BIM 数据库中获取相关数据运行后会产生 BIM 新增数据。例如, 将 BANT 赢得值曲线引入建筑信息模型后, 称为 BIM-BANT 赢得值曲线 | BIM 赢得值曲线。BIM 管理计划元素的实际费用是绘制该曲线的关键数据, 而 BIM 管理计划元素的实际费用是一种 BIM 新增数据。

(2) 用单纯的 3D 图表达计划是 BIM 模拟计划的鲜明特性, 没有计算功能是 BIM 模拟计划局限性的集中表现, 没有形成计划逻辑是造成 BIM 模拟计划没有计算功能的理论原因。

(3) BIM 模拟计划没有计算功能, 因此 BIM 模拟计划没有质量配置软件。

(4) 3D 模拟图形设计是关于设计的概念, 而 BIM 模拟计划则是关于项目计划管理的概念; 前者依据的是三维坐标系, 后者本质上依据的是四维空间坐标系。BIM 模拟图形和 BIM 管理计划之间存在相容性, 因此二者所依据的坐标系问题是一个有待解决的理论问题 (参见 2.5.1.1 节)。

BIM 模拟计划软件存在非系统机制是 BIM 管理计划的理论生长点。

2.4.4　BIM 管理计划软件的系统机制

BIM 管理计划软件存在内在的系统机制, 主要体现为以下 4 点。

(1) BIM 建设工程图形表达手段的完善。BIM 模拟计划没有计算功能, 这是造成其表达手段局限性的理论原因。BIM 管理计划弥补了 BIM 模拟计划的这一功能缺陷——BIM 管理计划除了具有 3D 图的优势外, 还具有 BANT 计划的结构与特性 (见图 2.2.5)。

(2) 建立了 BIM 模拟图形与 BIM 管理计划的内在联系。BIM 三维形象进度图 | 3D 图是用 BIM 模拟图形数据再现的。在 BIM 管理计划曲线中, 3D 图描述建设项目 BIM 前生命周期子系统的整体运行状态; BIM 管理计划具有时标计划功能, 它实时定量描述 BIM 中生命周期子系统的整体运行状态, BIM 管理计划曲线的节点即 BIM 节点则是 BIM 模拟图形与 BIM 管理计划的联系点。(见图 2.2.5 中的 BIM 节点 9)。

(3) BIM 管理计划软件能够设置配置软件。3D 模拟设计软件的配置软件是 3D 模拟图形设计质量核查软件/3D 设计核查软件。在 BIM 前生命周期子系统中可以设置配置软件, 在 BIM 中生命周期子系统中也可以设置配置软件。然而, BIM 模拟计划却不能设置配置软件, 没有计算功能是其理论原因。BIM 管理计划具有计算功能, 因此 BIM 管理计划软件能够设置配置软件。

(4) BIM 管理计划和 BIM 项目管理数据依据的坐标系在理论上具有一致性 (参见 2.5.1.2 节)。

2.5　BIM 系统

2.5.1　两种不同的 BIM 的坐标系

在三维设计中, BIM 模拟图形的线是指其长 (或高、或宽) 在坐标轴上的投影, BIM 模拟图形的面是指其长与宽 (或长与高、或宽与高) 界定平面的投影, BIM 模拟图形的体是指其长、宽、高界定的立体, 而点则是长、宽、高和体浓缩至微的投影。点、线、面、体是表达 BIM 模拟图形的基本要素, 称为 BIM 模拟图形逻辑要素。三维坐标系是 BIM 模拟图形逻辑要素的坐标系。

0YZT 坐标系是 BANT 计划的坐标系, 这是一个四维坐标系。将 BANT 计划的坐标系引入 BIM, 表示为 BIM-0YZT 计划坐标系, 称为 BIM-0YZT 坐标系 | BIM 管理计划坐标系。点、线、面是表达 BIM 管理计划的基本逻辑要素, 称为 BIM 管理计划逻辑要素, BIM 管理计划坐标系是 BIM 管理计划逻辑要素的坐标系。

BIM 模拟图形逻辑要素和 BIM 管理计划逻辑要素统称为 BIM 逻辑要素。

坐标系是一种参考系, 事物的概念都是参照其所属的坐标系存在的。坐标系可以描述事物的运行状态, 坐标轴的数量称为空间维度, 空间维度表达事物空间运行的方向。利用坐标系可以建立图形与图形数据之间的对应联系。建立 BIM 模拟图形与其数据之间的对应联系的坐标系称为 BIM 模拟图形坐标系; 建立 BIM 管理计划与其数据之间的对应联系的坐标系称为 BIM 管理计划坐标系。这样的坐标系就是建筑信息模型 (BIM) 的坐标系。

2.5.1.1　BIM 模拟图形坐标系

BIM 模拟图形 (3D 模拟图形和 DT 模拟图形) 是关于设计的概念。通过绘制 BIM 模拟图形可以获得 BIM 模拟图形数据 (3D 模拟图形数据和 DT 模拟图形数据), 用 BIM 模拟图形数据能够再现建设项目的虚拟图形。在三维坐标系中可以绘制 BIM 模拟图形, 故可以将三维坐标系作为 BIM 模拟图形坐标系。在 BIM 模拟图形坐标系中, BIM 图形逻辑要素 (3D 模拟图形逻辑要素、DT 模拟图形逻辑要素) 是构成建设项目图形的基本要素, 用其可以绘制建设项目的工程图形 (例如 BIM 三维形象进度图 | 3D 图), 该工程图形表达了建设项目在三维空间的运行状态。

2.5.1.2　BIM 管理计划坐标系

BANT 计划坐标系是作者专著《工程统筹技术》所述的研究成果之一。

结构符号网络计划 | BANT 计划。BANT 计划的构造符号构成结构符号 (见表 2.5.1), 网络计划曲线由结构符号组成。特别指出的是, 结构符号可以划分为列序结构符号和层序结构符号。在表 2.5.2 中, 除了实矢、搭接计划和流水计划的绘图符号 (或结构符号) 是层序结构符号外, 其他的结构符号都属于列序结构符号。

表 2.5.1　BANT 计划构造符号

构造符号	标识符号	点型符号	∘		→	投影为一点
		线型符号		WWWWWW	------	投影为一线段
		元素标识	○ □ / ◇		◇	不能投影
		指令标识	□			

在三维空间坐标系中, 引入时间轴 (Time 轴) 且与 X 轴叠合, 于是得到一个三维空间-时间坐标系, 用 $OXYZ\text{-}Time$ 表示, 这里的 OYZ 表示三维空间, Time 表示时间, 因为 Time 轴和 X 轴叠合, 所以通常将 $OXYZ\text{-}Time$ 表示为 $OYZT$, 称为 $OYZT$ 坐标系。在 $OYZT$ 坐标系中可以画出若干个与 YOT (或 YOX) 平面平行的平面, 这些平面与 ZOT(或 ZOX) 平面的交线称为 Z_i 线。$OYZT$ 坐标系反映了空间与时间不能分离的理念, 是一个四维空间坐标系 (参见图 2.5.1)。图 2.5.1 所示的四维空间坐标系是 BANT 计划绘图的坐标系, 这就是 BANT-$OYZT$ 坐标系。将 BANT-$OYZT$ 坐标系引入建筑信息模型后表示为 BIM-BANT-$OYZT$ 坐标系, 称为 BIM 计划坐标系, 这

是因为它可以用来绘制 BIM 模拟计划和 BIM 管理计划。BIM 计划坐标系为 BANT 计划的绘制提供了良好的生态环境。

表 2.5.2　各种 BANT 计划类型的结构符号及其特征

网络计划技术类型			绘图符号	元素绘图符号特性	元素周期的特性	系统运作过程特性
网络计划技术	肯定型网络	基本网络	⊙Ⓐ D_i →	为单枝矢	元素周期是一个确定值 D_A	确定型
		搭接网络				
		流水网络				
		时限网络				
		综合网络	用以上绘图符号			
	非肯定型网络	BANT–PERT	⊙ⓘ$D_i^P(a, m, b)$→	为单枝矢	按三参数法处理后的 D_A^e 是一个确定值	概率不确定型
		BANT–MOTN	⊙ⓘ $D^M(i, j)$ →	为单枝矢	按照 MOT 规则处理后获得的工艺周期 T_A 是一个确定的值	非概率不确定型
		BANT–DCPM		为多枝矢, 但只允许一支矢参与系统计算	元素周期可以是 D_A 或 D_A^e 且为确定值	非概率不确定型

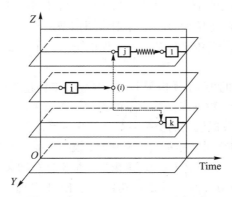

图 2.5.1　BANT-$OYZT$ 坐标系

在网络计划的构图中, 规定列序结构符号画在这些与 YOT 平面平行的平面内 (列序相平面), 且其矢线与 Z_i 线叠合; 规定层序结构符号画在 ZOT 平面内 (层序相平面)。从图 2.5.1 可以看出, 在 BIM 计划坐标系中, 实矢和虚矢所在的平面是不相同的, 它们所表示的元素耦合关联也是不相同的。实矢所在的平面为列序相平面, 它描述了 "对子" 元素在 Time 轴方向的序列关系即列序; 虚矢所在的平面为层序相平面, 它描述了两个层序平面内任意两个元素之间在 Time 轴方向的序列关系即层序。

在 BIM 计划坐标系中，BIM 管理计划的绘制反映了 BIM 管理计划要素的正向性，即元素结构符号 (实矢) 和逻辑结构符号 (虚矢)、各种网络计划类型的结构符号 (例如搭接链) 以及 BIM 管理计划要素集合都具有方向性。特别指出的是，在四维空间坐标系中，网络计划类型的数学模型具有正向性。

在四维空间坐标系中绘制网络计划主要具有下面几个优点。

(1) 保证了 BIM 管理计划要素的方向性。在四维空间坐标系中不允许逆向操作，从而保证了 BIM 管理计划要素的方向性。

(2) 保证了计划系统的相容性。在四维空间坐标系中不允许有逆向计算程序，从而保证了计划系统的相容性。

(3) 正确表达了计划类型的系统层次结构。在四维空间坐标系中支持计划类型的层次结构的绘制，从而正确表达了计划类型的系统层次结构。

BIM 模拟图形坐标系和 BIM 管理计划坐标系统称为建筑信息模型 (BIM) 坐标系。

2.5.1.3　BIM 模拟图形坐标系与 BIM 管理计划坐标系的非相容性

爱因斯坦的相对论告诉我们，时间和空间不可分离，即四维空间客观存在。因此，事物总是正向发展的。

BIM 模拟图形坐标系是三维坐标系，而 BIM 计划坐标系是四维空间坐标系。在三维坐标系里，对工程项目图形线的表达称为一维 (1D)，对其面的表达称为二维 (2D)，对体的表达称为三维 (3D)，零维 (0D) 则是对点的表达。"天行有常，不为尧存，不为桀亡。"正向发展 (运行) 是事物遵循的基本规律。显然，BIM 模拟图形坐标系没有反映 BIM 模拟图形要素的正向性。在三维坐标系里，允许事物的逆向运行。(广义)BIM 模拟计划的构图就是最典型的例子。例如，单代号网络计划的计划数学模型具有逆向计算程序，而三维坐标系就是单代号网络计划绘图依据的坐标系。因此，不能反映 BIM 图形逻辑要素的正向性是三维坐标系的一个理论缺陷。在三维坐标系里，1D、2D、3D 和 0D 都是人为的规定。

建设工程设计阶段的 BIM 模拟图形设计与建设工程建造阶段的 BIM 管理计划之间存在内在的联系，BIM 数据库是其联系的枢纽。BIM 模拟图形设计 (例如用法国的达索软件的设计) 及其数据依据的坐标系是三维坐标系，然而 BIM 管理计划及其数据依据的坐标系则是四维空间坐标系，(广义)BIM 模拟计划及其数据依据的坐标系本质上也是四维空间坐标系。因此，这是 BIM 模拟图形坐标系的又一个理论缺陷。

如何解决好 (广义)BIM 模拟计划及其数据与 BIM 管理计划及其数据所依据坐标系的相容性呢？于是，统一建筑信息模型坐标系的问题尖锐地提出了。

2.5.2　BIM 坐标系

2.5.2.1　一个不能回避的问题

在实际的应用中，BIM 管理计划必然代替 (广义)BIM 模拟计划。因此，本书的 BIM 计划事实上就是 BIM 管理计划。BIM 模拟图形坐标系与 BIM 管理计划坐标系的统一问题是 BIM 面对的、不能回避的问题。

四维空间客观存在, 事物总是正向发展的。但是 BIM 模拟图形设计和 BIM 模拟计划及其数据依据的坐标系却是三维坐标系, 三维坐标系不能正确表达事物的正向发展。

BIM 前生命周期子系统和 BIM 中生命周期子系统之间存在内在的联系, BIM 模拟图形设计和 BIM 管理计划之间存在相容性。但是 BIM 模拟图形设计依据的坐标系是三维坐标系, 而 BIM 管理计划及其数据依据的坐标系则是四维空间坐标系, 对此, 国外关于 BIM 的研究没有解决 BIM 模拟图形坐标系和 BIM 计划坐标系的统一问题。

2.5.2.2 统一的坐标系: BIM 坐标系

坐标系是 BIM 图形绘制的依据。BIM 模拟图形设计和 BIM 管理计划之间存在相容性, 但是 BIM 模拟图形设计依据的是三维坐标系, 而 BIM 模拟计划和 BIM 管理计划及其数据依据的则是四维空间坐标系, 二者存在不相容性。另外, 事物总是正向发展的, 从理论上讲, 三维坐标系不能正确表达事物的正向发展。因此, 建立统一的坐标系是不能回避的问题。这里需要指出的是: BANT 计划依据的是四维空间坐标系, 它与 BIM 管理计划密切相关。

国外关于 BIM 的研究没有从理论上认识到、解决好坐标系的统一问题。

将坐标系统一为四维空间坐标系并且是正向设计的坐标系是本书的解决方案。如何把 BIM 模拟图形设计依据的 BIM 模拟图形坐标系和 BIM 管理计划依据的 BIM 计划坐标系统一起来呢? 作者在 BIM 模拟图形坐标系中增加一条 Time 轴, 并作了如下两条规定。

规定 1: 在 BIM 模拟图形坐标系中, 规定水平方向的坐标轴与 Time 轴叠合, 增加了 Time 轴的三维坐标系称为虚拟四维空间坐标系。本书将虚拟四维空间坐标系定义为 BIM 模拟图形坐标系。

规定 2: 在遵循规定 1 的前提下, BIM 模拟图形坐标系和 BIM 计划坐标系在原有的规定与规则在 BIM 坐标系中依然有效。

坐标系是一种参考系, 事物的概念都是参照其所属的坐标系存在的。坐标系描述事物的运行状态, 坐标轴的数量称为空间维度, 空间维度表达事物空间运行的方向。利用坐标系可以建立图形与图形数据之间的对应联系。本书提出统一的建筑信息模型坐标系/BIM 坐标系, 这是表达 BIM 模拟图形和 BIM 管理计划与其图形数据之间对应联系的坐标系。BIM 坐标系是四维坐标系, 是 BIM 逻辑要素 (BIM 模拟图形逻辑要素、BIM 管理计划逻辑要素) 的绘图坐标系; BIM 坐标系适用于 BIM 模拟图形设计和 BIM 管理计划 (见表 2.5.3)。

表 2.5.3 BIM 模拟图形坐标系与 BIM 坐标系的比较

	比较内容	BIM 模拟图形坐标系	BIM 坐标系
1	坐标系性质	虚拟四维空间坐标系	非虚拟四维空间坐标系
2	表达对象	BIM 模拟图形逻辑要素	BIM 模拟图形逻辑要素和 BIM 管理计划逻辑要素
3	实质性差异	BIM 模拟图形坐标系是绘制 3D 图和 (广义) BIM 模拟计划的坐标系	BIM 坐标系是绘制 BIM 模拟图形和 BIM 管理计划的坐标系

BIM 坐标系为 BIM 图形 (BIM 模拟图形、BIM 管理计划) 的绘制提供了良好的生态环境。

对表 2.5.1 的第 1 栏和第 3 栏分别做如下简要说明:

(1) 第 1 栏: BIM 坐标系是四维空间坐标系, 而 BIM 模拟图形坐标系是在原来的三维坐标系的基础上增加 Time 轴后命名的, 故称为虚拟四维空间坐标系。

(2) 第 3 栏: 本书的 BIM 计划事实上就是 BIM 管理计划, 这是因为在实际应用中 BIM 管理计划代替了 (广义)BIM 模拟计划。

2.5.2.3　BIM 坐标系的绘图功能特性

BIM 坐标系具有以下主要绘图功能特性:

(1) 确保 BIM 逻辑要素的方向性。在 BIM 坐标系中不允许逆向运作, 从而保证了 BIM 模拟图形要素和 BIM 管理计划要素的方向性。

(2) 保证计划系统的相容性。在 BIM 坐标系中不允许有逆向计算程序, 从而保证计划系统的相容性。

(3) 正确表达计划类型的系统层次结构。在 BIM 坐标系中支持计划类型的层次结构的绘制, 从而正确表达了计划类型的系统层次结构。

因此, BIM 坐标系是 BIM 正向设计坐标系。什么是 BIM 正向设计呢? 遵循 BIM 的客观规律, 从建筑信息模型内部结构研究 BIM 模拟图形设计 (3D 模拟图形设计和 DT 模拟图形设计), 研究该设计与 BIM 数据库之间的内在联系及其应用, 研究 BIM 模拟图形数据和 BIM 管理计划数据之间的内在联系及其应用, 研究物业项目运用阶段新的特性和新的管理规律等就是 BIM 正向设计。自主研发是 BIM 正向设计的基本特征, 创新则是 BIM 正向设计的精髓。例如, 抛弃了 CPM 算法的逆向计算程序, 确认了 BANT 算法, 并且将 BANT 算法引入建筑信息模型, 从而产生了创新的 BIM 管理计划就是 BIM 正向设计。又例如, BIM 正向设计反映和揭示了 BIM 工程项目管理在设计和建造两个阶段的内在规律与联系。

2.5.3　发现 BIM 系统

符号学思考人类语言和人类语言行为的规律, 思考人类语言和人类语言行为的规范化。作者的研究成果指出: 符号学是一个结构系统, 能指、所指和意指是其基本框架。能指和所指都具有确定性, 并且都具有符号历史概念集合特性; 意指具有解释特性——完成能指和所指同一性的阐释。

作者第一次将符号学引入网络计划技术, 取得的研究成果参见作者所著的《工程统筹技术》。在本书中, 作者对建筑信息模型进行了符号学跨学科研究: BIM 技术应实现建设项目的 BIM 模拟图形化和 BIM 管理计划化, 这就是 BIM 图形化, 称为 BIM 能指; 它可实现建设项目的 BIM 模拟图形数据化和 BIM 管理计划数据化, 这就是 BIM 图形数据化, 称为 BIM 所指。依据符号学理论, BIM 图形化和 BIM 图形数据化之间存在对应联系和相容性, BIM 意指则是对二者的内涵和 BIM 同一性的阐释。例如, BIM 模拟图形化和 BIM 管理计划化与其数据化的相容性是 BIM 同一性的典型实例。

工程建设的种类很多, 以小土木即土木建筑为例, 就有土木工程、电气工程、建筑环境与设备工程、给水排水工程等。BIM 能指就是要实现工程建设领域的建设项目的图形化，BIM 所指就是要实现工程建设领域建设项目的数据化，同时要建立起二者之间的内在联系。

2.5.3.1　BIM 生命周期

前期策划、设计、建造和运营的全过程称为 BIM 建设项目全生命周期/BIM 生命周期。前期策划阶段属于孕育生命周期，设计阶段属于前生命周期，建造阶段属于中生命周期，物业运营阶段属于后生命周期。作为理论研究，在建筑工程符号学中 BIM 生命周期是指建设项目设计、建造和运营的全过程。BIM 是一个时间–空间信息系统，具有自身内在的运行规律，这就是 BIM 系统。

2.5.3.2　BIM 系统的划分

BIM 是一个时间–空间信息系统，按照 BIM 生命周期，将 BIM 系统划分为 BIM 前生命周期子系统、BIM 中生命周期子系统和 BIM 后生命周期子系统。BIM 系统遵循自身的运行规律，而其各个子系统又具有自己的运行特性。

1. BIM 前生命周期子系统

BIM 模拟图形设计能指、BIM 模拟图形设计所指和 BIM 模拟图形设计意指构成的有机整体称为建设项目 BIM 前生命周期子系统，简称前生命周期子系统。前生命周期子系统描述建设项目的设计过程。

下面以 3D 模拟图形设计为例，说明其界定的 BIM 前生命周期子系统构成者的定义。

(1) BIM–3D 模拟图形设计能指。用 3D 模拟图形数据再现的建设项目图形是建筑信息模型的设计能指，称为 BIM–3D 模拟图形设计能指，简称 3D 模拟图形设计能指。

(2) BIM–3D 模拟图形设计所指。用 3D 模拟图形数据再现的建设项目图形对应的数据集合 (或数据集合群)，称为 BIM–3D 模拟图形设计所指，简称 3D 模拟图形设计所指。

(3) BIM–3D 模拟图形设计意指。3D 模拟图形设计能指与 3D 模拟图形设计所指的内涵、二者之间的对应联系及其解释称为 BIM–3D 模拟图形设计意指，简称 3D 模拟图形设计意指。

2. BIM 中生命周期子系统

BIM 管理计划能指、BIM 管理计划所指和 BIM 管理计划意指构成的有机整体称为建设项目 BIM 中生命周期子系统，简称中生命周期子系统。中生命周期子系统描述了建设项目的建造过程。

下面是 BIM 中生命周期子系统构成者的定义。

(1) BIM 管理计划能指。在建设工程建造阶段的 BIM 管理计划曲线模型是建设项目的能指，称为 BIM 管理计划能指。

(2) BIM 管理计划所指。在建设工程建造阶段的 BIM 管理计划数学模型是建设项目的所指，称为 BIM 管理计划所指。

在建设工程建造阶段用软件绘制的建设项目图形对应的数据集合，称为 BIM 管理计划所指。

(3) BIM 管理计划意指。BIM 管理计划能指和 BIM 管理计划所指的内涵、二者之间的内在联系及其解释称为 BIM 管理计划意指。

3. BIM 后生命周期子系统

BIM 后生命周期子系统的管理称为 BIM 物业运营。当建设项目的竣工资料移交给政府的相关部门时，投资项目业主的使命就完成了；当建设项目进入市场后，竣工的建设项目的社会功能和文化功能就凸显出来——建设项目具有了商品的价值，称为物业项目，于是建设项目管理者变成了物业项目管理者。

在 BIM 前生命周期子系统和中生命周期子系统的管理中，建设项目的管理者代表着投资项目业主的利益；而在 BIM 物业运营中，物业运营的管理者则代表物业项目业主的利益，也就是说，建设项目的市场功能显现了，建设项目具有了商品的价值，于是物业项目运用阶段开始了，物业项目的增值是其主要标志。

2.5.3.3 建筑信息模型坐标系存在的问题

BIM 模拟图形数据 (3D 模拟图形数据、DT 模拟图形数据) 是 BIM 数据库的主要数据。

前生命周期子系统和中生命周期子系统之间存在内在的联系。前生命周期子系统描述建设项目的设计过程，该过程是 BIM 数据库的建立过程。中生命周期子系统描述建设项目的建造过程，这是对从 BIM 数据库读取数据的具体应用过程，此应用过程产生的新的数据也属于 BIM 管理计划数据。

然而，在现行的 BIM 技术中，在建设项目的设计阶段和建造阶段，BIM 图形数据依据的坐标系是不同的。以图 2.2.3 所示的 3D 图–单代号横道模拟计划为例：在以该图所示单代号横道图的上面，绘制了建设项目的 4 个 3D 图，描述建设项目在单代号横道计划标定的 4 个节点处完成的整体情况是其物理意义。在图 2.2.3 中，4 个 3D 图是由 BIM 模拟图形数据确定的，单代号横道计划是由 BIM 数据库中的基本数据确定的，单代号横道计划所指示的计划时刻则是由单代号横道计划的最早开始计划时间确定的。在这 3 种数据中，BIM 模拟图形数据属于前生命周期子系统的数据，依据的是三维坐标系；计划时间属于中生命周期子系统的数据，依据的是四维空间坐标系。然而，计划基本数据应属于 BIM 模拟图形数据还是计划时间呢？依据的是三维坐标系还是四维空间坐标系呢？请读者去思考，但是 3D 图–单代号横道计划出现在中生命周期子系统应是不争的事实。显然，在现行的 BIM 技术中，这些 BIM 图形数据所依据的坐标系在理论上是不相容的。

在 BIM 模拟图形坐标系中，建设项目图形的线是指其长 (或高、或宽) 在 Time 轴上的投影；建设项目图形的面是指其长与宽 (或长与高、或宽与高) 界定平面的投影；建设项目图形的体是指其长、宽、高界定的立体；而点则是 BIM 图形逻辑要素浓缩至微的投影。在 BIM 坐标系中，点、线、面、体是构成建设项目 BIM 模拟图形的基本要素，称为 BIM 图形逻辑要素；点、线、面是构成 BIM 管理计划的基本要素，称为 BIM 管理计划逻辑要素。二者统称为 BIM 逻辑要素。

本书已经指出：BIM 模拟图形坐标系是三维坐标系，而 BIM 计划坐标系是四维空间坐标系。不能反映 BIM 图形逻辑要素的正向性是三维坐标系的一个理论缺陷。在三维坐标系里，1D、2D、3D 和 0D 都是人为的规定，这种规定与 BIM 关于 4D 和 5D 的规定是不相容的, 因为 4D 是一个计划进度的概念, 5D 则是一个涉及成本的计划进度的概念。

BIM 图形逻辑和 BIM 管理计划逻辑不可分离——具体地说, 就是在建设工程设计阶段中的 BIM 模拟图形设计与在建设工程建造阶段中 BIM 管理计划之间存在内在的联系, BIM 数据库是其联系的枢纽。BIM 模拟图形设计 (例用用法国的达索软件做的设计) 及其数据依据的坐标系是三维坐标系, 然而, BIM 管理计划及其数据依据的坐标系则是四维空间坐标系, BIM 模拟计划及其数据依据的坐标系本质上也是四维空间坐标系。因此, 这是三维坐标系的又一个理论缺陷。

如何解决好 BIM 模拟图形设计及其数据与 BIM 管理计划及其数据所依据坐标系的相容性是一个不可回避的问题。于是, 统一建筑信息模型坐标系的问题就尖锐地提出来了。

2.5.4 发掘 BIM 宝藏

目前, BIM 技术已经显示出了无可争议的优势, 但还存在某些理论缺陷, 例如, 尚未开发统一的 BIM 数据库。又例如, 尚未能把 BIM 前生命周期子系统建设项目的设计与 BIM 中生命周期子系统建设项目的施工管理有机地联系起来。因此, 发现 BIM 系统并揭示其内涵, 对解决这些理论缺陷具有重要的理论意义和现实意义。

2.5.4.1 BIM 图形数据

在 BIM 生命周期中获取的数据称为建设项目的 BIM 图形数据 (数字、数字集合), 简称 BIM 图形数据。按照 BIM 生命周期可以将 BIM 图形数据划分为: BIM 模拟图形数据、BIM 建造图形数据和 BIM 物业运营数据。

1. BIM 模拟图形数据

BIM 模拟图形是在建设项目的设计阶段应用 BIM 模拟图形设计软件 | BIM 核心建模软件进行设计的过程中产生的, BIM 模拟图形对应的数据称为 BIM 模拟图形数据。

按照获取数据的方式可以将 BIM 模拟图形数据划分为 3D 模拟图形数据和 DT 模拟图形数据, 3D 获取方式是前者获取数据的方式, 应用的是 CAD 技术; DT 获取方式是后者获取数据的方式, 应用的是 DT 技术。

2. BIM 建造图形数据

(1) BIM 管理计划基本数据。在建设项目建造阶段, BIM 项目管理软件从 BIM 数据库中读取的关于建设项目的元素周期 (持续时间 D_i)、元素成本等数据称为 BIM 管理计划基本数据, 用来确定 BIM 管理计划的原始曲线是其物理意义。

(2) BIM 新增数据。在 BIM 中生命周期子系统中, 从 BIM 数据库中读取管理计划基本数据生成 BIM 管理计划后, 在其运行的过程中会产生 BIM 管理计划时间; 此外还会产生建设项目实施过程中某阶段元素的实际发生费用、元素的质量控制数据等, 分别称为 BIM 实际费用、BIM 质量控制数据。这些新数据统称为 BIM 管理计划的新增数据, 简称 BIM 新增数据。

(3) BIM 建造图形数据。在 BIM 管理计划基本数据和 BIM 新增数据的基础上,本书给出 BIM 建造图形数据的如下定义: BIM 管理计划基本数据、BIM 管理计划时间和 BIM 新增数据是在 BIM 中生命周期子系统中产生的数据, 这些系统数据确定的 BIM 管理计划和 BIM 赢得值曲线, 统称为 BIM 建造图形。BIM 建造图形对应的数据称为 BIM 建造图形数据。BIM 建造图形数据可以划分为 BIM 管理计划数据和 BIM 赢得值曲线数据; 前者是 BIM 管理计划对应的数据, 后者是 BIM 赢得值曲线对应的数据。

BIM 模拟图形数据和 BIM 建造图形数据之间存在相容性。

3. BIM 物业运营数据

建设项目的市场功能显现的标志是建设工程运营阶段的开始, 此时, 投资项目业主转变为物业项目业主, 建设项目才算真正进入物业项目运用阶段; 物业项目是运营业主控制的资源, 它由物业项目本身、物业项目的人文价值和功能价值等构成, 称为物业资源。于是, 建设项目完成了从建筑产品到建筑商品的蜕变, 实现了华丽转身。显然, BIM 工程项目管理没有涵盖物业运用阶段。

BIM 物业运营软件产生的数据称为 BIM 物业运营数据。BIM 物业运营数据反映了 BIM 物业项目自身特性、社会功能特性和文化功能特性。

2.5.4.2　BIM 图形及其功能

1. BIM 图形的定义

建设项目在 BIM 生命周期中有两类图形: 第一类是由 BIM 模拟图形数据确定的 BIM 前生命周期子系统的建设项目图形即 BIM 模拟图形; 第二类是由 BIM 管理计划的基本数据、BIM 管理计划时间和 BIM 新增数据界定的建设项目 BIM 中生命周期子系统的管理计划曲线体系, 这就是 BIM 建造图形。具体地讲, 建设项目的 BIM 管理计划和 BIM 赢得值曲线就是 BIM 建造图形, 其中, BIM 管理计划是主要的 BIM 建造图形。通常, 将 BIM 模拟图形和 BIM 管理计划统称为 BIM 图形。

(1) BIM 模拟图形。用 BIM 模拟图形数据可以再现建设项目 BIM 前生命周期子系统的虚拟图形, 这就是 BIM 模拟图形。例如, 建设项目平立剖的图形、加工件和预制构件的图形。BIM 模拟图形不仅是 3D 模拟图形数据对应的建设项目自身的虚拟图形, 而且也是 DT 模拟图形数据对应的建设项目的虚拟图形, 它们反映了建设项目图形的设计状态, 揭示了建设项目的图形结构和图形之间内在的结构联系。用 BIM 模拟图形数据再现 BIM 模拟图形是一个优化和相容辨识的过程。

(2) BIM 管理计划。BIM 管理计划描述了建设项目的计划进度, 描述了基于基本管理计划进度的工程成本、质量、安全以及合同的控制。BIM 管理计划揭示了计划元素之间的内在关系, 揭示了计划元素与计划系统之间的内在结构, 揭示了基于基本管理计划的各种计划类型之间的层次结构。用 BIM 管理计划数据可以再现相关 BIM 项目管理曲线。

2. BIM 图形功能和 BIM 图形数据功能

(1) BIM 图形功能。用 BIM 模拟软件模拟建设项目的图形可以获得 BIM 模拟图形数据, 称为 BIM 模拟图形功能; BIM 模拟曲线在运行中会产生新数据即 BIM 新生数据, 称为 BIM 管理计划功能, 二者统称为 BIM 图形功能。

(2) BIM 图形数据功能。用 BIM 模拟图形数据可以再现 BIM 模拟图形, 称为

BIM 模拟图形数据功能; 用 BIM 管理计划数据可以再现 BIM 管理计划, 称为 BIM 管理计划数据功能, 二者统称为 BIM 图形数据功能。

BIM 图形功能和 BIM 图形数据功能存在对应联系, 二者之间具有相容性。

3. BIM 符号语言

在 BIM 工程项目管理中, 建设项目的 BIM 前生命周期子系统采用 BIM 模拟图形作为自己的表达方式, 称为 BIM 图形逻辑符号语言; 建设项目的 BIM 中生命周期子系统采用 BIM 管理计划作为自己的表达方式, 称为 BIM 管理计划逻辑符号语言, 二者具有相容性, 统称为 BIM 符号语言。BIM 管理计划是典型的 BIM 符号语言: 在 BIM 管理计划中, 计划曲线属于 BIM 管理计划逻辑符号语言, 3D 图属于 BIM 图形逻辑符号语言, 二者在建筑信息模型中交融, 形成了两种逻辑符号语言的综合表达方式——BIM 管理计划。

BIM 符号语言是建筑工程符号学诞生的重要标志。

2.6　建设项目的可视化

2.6.1　BIM 图形化和 BIM 图形数据化

建筑信息模型应实现建设项目的图形化和数据化。

(1) BIM 模拟图形化与 BIM 模拟图形数据化。在建设工程设计阶段, 利用现代电子计算机技术用模拟图形建设项目的设计方式称为 BIM 模拟图形设计。BIM 模拟图形和 BIM 模拟图形数据之间存在对应联系, 二者之间具有相容性, 实现其同一性是 BIM 模拟图形设计的基本任务。如果建立了 BIM 模拟图形和 BIM 模拟图形数据之间的对应联系, 遂可实现 BIM 前生命周期子系统自身的图形化和数据化, 称为 BIM 模拟图形化和 BIM 模拟图形数据化。

(2) BIM 管理计划化和 BIM 管理计划数据化。在建设工程建造阶段, 利用现代电子计算机技术绘制建设项目 BIM 管理计划的模式称为 BIM 中生命周期子系统的曲线模型, 简称 BIM 管理计划; BIM 管理计划对应的数据、数据集合称为 BIM 中生命周期子系统的数据, 简称 BIM 管理计划数据。如果建立了 BIM 中生命周期子系统 BIM 管理计划曲线模型和数学模型的对应联系, 遂可实现 BIM 中生命周期子系统管理计划的图形化和数据化, 称为 BIM 管理计划化和 BIM 管理计划数据化。

(3) BIM 图形化和 BIM 图形数据化。如果建设项目建立了 BIM 图形与 BIM 图形数据的对应联系, 则称该建设项目实现了建设项目的图形化和数据化, 简称 BIM 图形化和 BIM 图形数据化。

2.6.2　BIM 可视化

如果建立了 BIM 图形模型和 BIM 数据模型之间的对应关系, 则建设项目就实现了科学计算可视化即 BIM 可视化。BIM 可视化是用计算机图形学和图像学处理技术将 BIM 数据库中的相关数据转换成为 BIM 模拟图形和 BIM 管理计划的过程, 这种转换的理论方法称为 BIM 可视化技术。BIM 可视化可以划分为 BIM 模拟图形可视化和 BIM 管理计划可视化。前者体现为实现建设项目 BIM 前生命周期子系统 BIM 模拟图形可视化; 后者体现为实现建设项目 BIM 中生命周期子系统计划实时控制, 这些是 BIM 技术的靓点和创新。

建筑信息模型应实现建设项目的可视化。

(1) BIM 模拟图形可视化。如果建设项目建立了 BIM 模拟图形和 BIM 模拟图形数据之间的对应联系, 则应用 BIM 数据库的 BIM 模拟图形数据, 可以再现建设项目的虚拟图形, 称为 BIM 模拟图形可视化。

(2) BIM 管理计划可视化。如果建设项目建立了 BIM 管理计划和 BIM 管理计划数据之间的对应联系, 则应用 BIM 管理计划数据, 可以实现建设项目 BIM 中生命周期子系统计划的实时控制, 称为 BIM 管理计划可视化。

BIM 可视化 (BIM 模拟图形可视化、BIM 管理计划可视化) 是建筑信息模型 (BIM) 的亮点之一, 是 BIM 令人激动的创新和贡献。

2.7   本书结构

本书共有两篇 8 章。导论是第一篇, 第一篇有 2 章: 第 1 章介绍了 BIM 产生与发展的历史, 第 2 章介绍了建筑信息模型; BIM 理论与 BIM 两大系统软件开发理念是第二篇, 第二篇共有 6 章: 第 3 章介绍了建筑信息模型的相关理论, 第 4 章介绍了 BIM 工程项目管理理论和方法软件, 第 5 章介绍了 BIM 设计软件, 第 6 章介绍了 BIM 建造管理软件, 第 7 章介绍了 BIM 企业信息平台, 第 8 章介绍了 BIM 项目运营软件和项目运营 BIM 软件。

项目管理是建设项目的管理方法, 网络计划技术是其核心技术。建筑信息模型与建设项目管理存在历史概念集合的内在联系。横道图、网络计划技术是人类在生产实践和科学实验中产生的两类有效的计划方法, 以科学符号作为载体是其鲜明特性。在第一篇中, 作者从人类管理技术发展历史的角度考察建筑信息模型的产生和发展, 用符号学思维认识建筑信息模型、BIM 数字工程、BIM 技术、BIM 管理计划和 BIM 系统, 并深化认识、发掘和揭示其内涵。

BIM 术语是影响本书写作的关键问题。建筑工程符号学的写作过程就是 BIM 术语产生的过程, 是 BIM 术语不断深化认识、修正和完善的过程, 是实现 BIM 术语之间相容性的过程, 这是一个渐进的过程。本书这样处理 BIM 术语: 在第一篇的第 1 章和第 2 章中, 认识、发现和提炼 BIM 术语, 力图揭示 BIM 术语之间的序列性, 展示 BIM 术语之间的内在联系, 解决 BIM 术语之间的相容性。在第 2 章中, 从完善国际上 BIM 定义的角度, 作者首先提出了自己的 BIM 定义; 继而从 BIM 数字工程、BIM 技术、BIM 管理计划、BIM 可视化 4 个方面去发现、挖掘 BIM 术语, 深化认识、整体完善 BIM 术语; 按照符号学跨建筑信息模型学科研究的理念, 提炼了关于符号学的相关术语: BIM 能指、BIM 所指和 BIM 意指, 揭示了 BIM 能指 BIM 所指的同一性; 依据作者提出的 BIM 定义, 建立了 3D 模拟图形设计理论, 该理论将 3D 模拟图形设计和 DT

模拟图形设计统称为 BIM 模拟图形设计。

在第二篇的各个专门篇章中, 将检验 BIM 术语的稳定性和准确性及其之间的相容性, 在此基础上, 尽可能准确地给出各个 BIM 术语的定义并拓展其内涵。本书将一个完整的 BIM 定义放在特定的章节里进行介绍。例如, 作者把 BIM 逻辑、BIM 图形逻辑和 BIM 管理计划逻辑的定义放在 3.2 节 "BIM 逻辑" 里。又例如, 把 BIM 模拟图形设计、BIM 数据库、BIM 图形耦合模型、BIM 参数化模型和 BIM 图形设计模型的定义放在 3.6.1 节 "BIM 核心建模理论" 里。

在第二篇中, 第 3 章和第 4 章对后面的各章具有提纲挈领的作用。第 3 章分别对符号学跨学科研究、BIM 逻辑、BIM 逻辑机制、BIM 模拟图形和 BIM 理论进行了介绍和相关阐释; 第 4 章在介绍了 BIM 软件的定义及其类型的划分后, 从 BIM 软件开发的内在逻辑、BIM 软件开发法则/BIM 法则、BIM 软件开发的技术路线、BIM 软件开发制式/BIM 制式 4 个方面对 BIM 软件开发理念进行了较为详实的阐释, 在此基础上, 对 BIM 工程项目管理理论和方法软件与工程项目管理软件的实质性差异进行了分析。在第 5 章、第 6 章、第 7 章和第 8 章中, 重点对 BIM 核心建模软件、BIM 建造管理软件、BIM 企业信息平台和物业 BIM 软件进行了专门的介绍和阐述。

作者通过实现 BIM 术语的相容性来实现 BIM 理论的自洽性。例如, BIM 图形耦合模型 (3D 图形耦合模型、DT 图形耦合模型) 揭示了 BIM 模拟图形与 BIM 模拟图形数据之间的联系, 建立了 BIM 模拟图形和 BIM 模拟图形数据之间的对应关系, 就可以认为建立了 BIM 图形耦合模型。再例如, BIM 核心建模软件和 BIM 管理计划软件是 BIM 工程项目管理理论和方法软件的核心软件, 二者之间存在内在的联系, BIM 数据库是其联系的枢纽; BIM 模拟图形数据和 BIM 管理计划数据之间具有相容性, BIM 模拟图形和 BIM 管理计划之间具有协同性。

2.8 结语

(1) 关于建筑信息模型 (building information modeling, BIM) 的定义, 目前国际上有 3 种 (参见 1.2.1 节)。依据此 3 种定义, 并参考相关的文献和资料, 作者提出了 BIM 的如下定义:

"BIM 是建设项目信息化的集成模型, 通过对建设项目图形的模拟获得其自身对应的数据 (数字、数字集合), 并应用此数据再现建设项目的虚拟图形是其鲜明的特点; 它应实现建设项目的图形化和数据化, 为参与各方提供全方位的有效数据源, 并可以利用其数据实现建设项目的建造和运营"。

建筑工程符号学是 BIM 技术的基础理论。作者提出的 BIM 定义是建筑工程符号学的灵魂。

(2) 能指、所指和意指是符号学的基本构架。能指和所指都具有确定性, 并且都具有符号历史概念集合的特性; 意指具有解释特性, 对能指和所指的认识和解释以及对能指和所指之间同一性的揭示与阐释是意指的任务。

建筑工程符号学认为 BIM 应是这样的模型: 它应实现建设项目的 BIM 模拟图形

化和 BIM 管理计划化, 这是 BIM 的图形, 称为 BIM 能指; 它应实现建设项目的 BIM 模拟图形数据化和 BIM 管理计划数据化, 这是 BIM 的数据, 称为 BIM 所指。依据符号学理论, 二者之间存在对应联系和相容性, 称为 BIM 同一性, BIM 意指则是对二者的内涵和 BIM 同一性的阐释。BIM 同一性具体表现为 BIM 模拟图形化和 BIM 管理计划化与其数据化的相容性。

(3) BIM 模拟图形和 BIM 管理计划。用 BIM 模拟图形设计数据可以再现建设项目的虚拟图形。BIM 模拟图形描述建设项目图形的设计状态, 揭示建设项目图形之间内在的结构联系。用 BIM 数据库的 BIM 模拟图形数据, 可以再现 BIM 模拟图形中的相关图形。例如, 用 3D 模拟图形数据可以再现建设项目平立剖图形、加工件和预制构件的图形等。用 BIM 模拟图形数据、BIM 管理计划数据和 BIM 新增数据可以界定建设工程建造阶段的 BIM 管理计划、BIM 赢得值曲线等, 称为 BIM 管理计划曲线体系。BIM 管理计划描述建设项目的计划进度, 描述基于管理计划进度的工程成本、质量、安全以及合同的控制; 揭示元素之间的内在关系, 揭示元素与计划系统之间的内在结构, 揭示基于基本管理计划的各种计划类型之间的层次结构。

前生命周期子系统建设项目的数据是 BIM 数据库数据的主要来源。BIM 管理计划对应的数据就是 BIM 管理计划数据, 此外, 还可以从 BIM 数据库中读取 BIM 管理计划基本数据并依据其在 BIM 中生命周期子系统中产生出 BIM 新增数据, 故 BIM 模拟图形数据和 BIM 管理计划数据之间具有相容性。因此, BIM 模拟图形和 BIM 管理计划具有相容性, 统称为 BIM 图形。

(4) BIM 逻辑。应用 BIM 数据库的 BIM 模拟图形数据可以再现建设项目的虚拟图形, 再现的虚拟图形按照子系统、子子系统的层次结构有序展开, 称为 BIM 图形符号逻辑/BIM 图形逻辑。应用 BIM 管理计划数据可以实时描述建设项目建造的有序运行状态, 称为 BIM 管理计划逻辑。

BIM 图形逻辑和 BIM 管理计划逻辑统称为 BIM 逻辑(详见 3.2 节)。

(5) BIM 可视化。应用 BIM 模拟图形设计软件 | BIM 核心建模软件对建设项目进行模拟图形设计产生的图形称为 BIM 模拟图形; BIM 模拟图形对应的数据、数据集合称为 BIM 模拟图形数据。如果建立了二者之间的对应联系, 遂可实现前生命周期子系统的图形化和数据化, 称为 BIM 模拟图形化和 BIM 模拟图形数据化。因此, BIM 核心建模软件的开发应实现 BIM 模拟图形化和 BIM 模拟图形数据化。应用 BIM 核心建模软件对建设项目设计进行模拟图形设计的过程就是实现元素和相关设计工种数据化的过程, 这是一个实现 BIM 模拟图形可视化的过程, 称为 BIM 模拟图形可视化。BIM 模拟图形可视化是建筑信息模型的主要特性。在建设工程建造阶段, 利用 BIM 管理计划软件绘制的建设项目中生命周期子系统的曲线称为 BIM 管理计划; BIM 管理计划对应的数据、数据集合称为 BIM 管理计划数据。如果建立了二者之间的对应联系, 遂可实现中生命周期子系统的图形化和数据化, 称为 BIM 管理计划化和 BIM 管理计划数据化。因此, BIM 项目管理软件的开发应实现 BIM 管理计划化和 BIM 管理计划数据化。从 BIM 数据库中读取相关数据实现计划图形的多维应用, 具体表现为 BIM 管理计划的拓展应用, 例如 BIM 管理计划进度计划 | 4D 进度计划和基于 4D 进度计划的 BIM 管理计划成本计划 | 5D 成本计划。实现了 4D 进度计划和 5D 成本计划就称

为实现了 BIM 管理计划可视化, 实时描述建设项目在任意节点的计划进展是 BIM 管理计划可视化的亮点。

如果建立了 BIM 模拟图形与 BIM 模拟图形数据模型的对应联系, 就实现了 BIM 模拟图形数据化; 如果建立了 BIM 管理计划和 BIM 模拟图形数据的对应联系, 也就实现了 BIM 管理计划化。如果实现了 BIM 模拟图形数据化和 BIM 管理计划化, 则称建设项目实现了建设项目的图形化和数据化, 简称 BIM 图形化和 BIM 图形数据化。同时, 建设项目还实现了 BIM 模拟图形可视化和 BIM 管理计划可视化, 二者统称为 BIM 可视化。

(6) 建筑工程符号学的层次结构特性。建筑信息模型将建设工程的外观与结构、材料与用途等从其使用功能中抽象出来, 把建设工程设计、建造和运营的问题转化为信息符号语言, 从而获得了非建筑学和非建筑工程学的文化功能和文化意蕴, 并在信息符号语言化后形成了目前的 BIM 技术, 这可以认为是一个尚待深化和完善的 BIM 意指。BIM 技术是对被浪费的设计资源的利用, 是对传统设计、建造和运营认识的革命, 它主要有两部分内容: 第一是建设项目的三维 (3D) 设计, 这是 BIM 模拟图形设计; 第二是依托 BIM 模拟图形设计在项目计划方面的应用, 这是 BIM 管理计划, 这是一种新的建设项目计划行为。例如 BIM 管理计划进度计划 | 4D 进度计划和 BIM 管理计划成本计划 | 5D 成本计划, 前者是建设项目的 BIM 管理计划 (参见图 2.2.5); 后者是基于 4D 计划的成本计划。BIM 技术是一种崭新的信息技术, 建设项目的模拟图形是其本质, 通过模拟图形获得图形对应的数据, 并用该数据再现建设项目虚拟图形是其亮点与创新。BIM 技术的关联性和相容性是 BIM 的两座信息富矿, 而 BIM 意指则是开采它们的机械。建设工程设计阶段如何建立 BIM 数据库、建设工程建造阶段如何把 BIM 与项目管理结合起来是当前 BIM 技术面临的两个关键问题。发现 BIM 系统并揭示其内涵, 对解决这两个问题具有重要的理论意义和现实意义。

(7) BIM 坐标系。在实际的应用中, BIM 管理计划必然代替 (广义)BIM 模拟计划。因此, 本书的 BIM 计划事实上就是 BIM 管理计划。BIM 模拟图形和 BIM 管理计划具有相容性, 然而在现行的 BIM 技术中, 在建设项目的设计阶段, BIM 模拟图形数据依据的是三维坐标系, 而在建设项目的建造阶段 BIM 管理计划数据依据的则是四维空间坐标系。这是作者提出统一的坐标系——BIM 坐标系的动因。

在现代科学技术的体系结构中, 每一个现代科学技术部门的体系结构本质上是一个层次结构。提出系统科学体系的层次结构是钱学森对系统科学的重要贡献[14]。依据系统科学体系的层次结构, 可以得到以下结论: 建筑工程符号学属于技术科学层次, BIM 是关于技术科学的概念; 而 BIM 技术属于工程技术层次 (见表 2.8.1)。

表 2.8.1 系统科学体系的层次结构

	通向哲学的桥梁	基础科学层次	技术科学层次	工程技术层次
哲学	系统论 (系统观)	系统学	运筹学	各门系统工程
			控制论	自动化技术
			信息论	通信技术
			建筑工程符号学	BIM 技术

注: 本表直接参考了钱学森教授提出的系统科学体系结构

参考文献

[1] 刘占省, 赵雪锋. BIM 技术与施工项目管理. 北京: 中国电力出版社, 2015.

[2] 任世贤. BANT 网络计划技术——没有逆向计算程序的网络计划技术. 长沙: 湖南科学技术出版社, 2003.

[3] 任世贤. 工程统筹技术. 北京: 高等教育出版社, 2016.

[4] 中华人民共和国住房和城乡建设部. 2011—2015 年建筑业信息化发展纲要. 土木建筑工程信息技术. 2011, 02.

[5] 中华人民共和国住房和城乡建设部. 住房城乡建设部关于推进建筑业发展和改革的若干意见. 上海建材, 2014(4).

[6] 中华人民共和国住房和城乡建设部. 住建部印发《2016—2020 年建筑业信息化发展纲要》. 工程质量, 2016(34): 42.

[7] 中华人民共和国国务院办公厅. 关于促进建筑业持续健康发展的意见 (国办发〔2017〕19号), 2017 年 2 月 21 日.

[8] 任世贤. 单、双代号网络算法系统结构不相容的揭示. 系统工程理论与实践, 1995, 15(4).

[9] 任世贤. 传统网络总时差计算方法的商榷. 系统工程理论与实践, 1997, 17(11): 130-140.

[10] 任世贤. CPM 算法逆向计算程序错误的原因. 系统工程理论与实践, 1999, 19(7): 45-51.

[11] 任世贤. 网络系统运行过程机理的研究. 中国科学基金, 2001, 15(2): 88-94.

[12] 思东. 用河图中心 5 为"何新树"定位. 思东的新浪博客, 2014. 04.

[13] 任世贤. 八卦图是最早的符号学. 任世贤的新浪博客, 2018. 11.

[14] 苗东升. 钱学森研究现代科学技术体系的方法论. 中国社会科学网, 2016.

第二篇

BIM 理论与 BIM 软件开发理念

第 3 章 　建筑信息模型的相关理论

符号学跨学科研究理论、BIM 逻辑、BIM 逻辑机制、BIM 模拟图形设计和 BIM 理论是建筑信息模型 (BIM) 的主要相关理论。

3.1　符号学跨学科研究

作者建立了符号学跨建筑信息模型学科研究理论, 该理论是建筑工程符号学基础理论的组成部分, 它为建筑工程符号学提供了正确的研究方法, 具有重要的理论意义。符号学跨 BIM 学科研究理论主要体现在 BIM 能指 (BIM 图形模型)、BIM 所指 (BIM 图形数据模型) 和 BIM 意指 (BIM 能指和 BIM 所指自身的内涵及其二者之间的同一性) 的研究。对 BIM 图形模型和 BIM 图形数据模型的解释以及对二者之间内在联系相容性的解释是 BIM 意指的物理意义。

符号学思考人类语言和人类语言行为的规律, 思考人类语言和人类语言行为的规范化。作者第一个自觉地将符号学引入网络计划技术的研究领域。作者认为: 计划曲线模型与计划数学模型的同一性是网络计划技术应当遵循的符号学思维。其所著的《工程统筹技术》和建筑工程符号学都是在此思想指导下取得的符号学跨学科的研究成果: 前者是符号学跨网络计划技术学科的应用理论研究成果, 后者是符号学跨建筑信息模型学科的研究成果。

符号学跨 BIM 学科理论研究指出: BIM 数字工程和 BIM 技术应实现建设项目 BIM 模拟图形化和 BIM 管理计划化, 这是 BIM 图形 (BIM 模拟图形、BIM 管理计划), 称为 BIM 能指; 实现建设项目 BIM 模拟图形数据化和 BIM 管理计划数据化, 这是 BIM 图形数据 (BIM 模拟图形数据、BIM 管理计划数据), 称为 BIM 所指。依据符号学理论, BIM 模拟图形和 BIM 模拟图形数据之间、BIM 管理计划和 BIM 管理计划数据之间存在对应联系和相容性, 称为 BIM 同一性, BIM 意指则是对二者的内涵和 BIM 同一性的阐释。BIM 同一性具体表现为 BIM 模拟图形化和 BIM 管理计划化与其数据化的相容性。

作者在《工程统筹技术》中指出: 符号学是一个结构系统, 能指、所指和意指是其基本构架; 能指和所指都具有确定性; 意指具有解释特性——完成能指和所指同一性的阐释。工程建设的种类很多, 以小土木即土木建筑为例, 就有土木工程、电气工程、建筑环境与设备工程、给水排水工程等; 以大土木即工程建设领域为例, 就有公路桥梁、铁路隧道、火电、水电和水利工程等。BIM 能指和 BIM 所指就是要实现工程建设领域建设项目的 BIM 模拟图形化、BIM 管理计划化和 BIM 模拟图形数据化、BIM 管理计划数据化, 同时要建立起二者之间的内在联系和相容性 (统一性、协同性、和谐性)。

3.2 BIM 逻辑

3.2.1 BIM 逻辑的定义

用 BIM 模拟图形数据可以再现建设项目的虚拟图形, 该虚拟图形按照子系统、子子系统的层次结构有序展开, 称为 BIM 图形符号逻辑/BIM 图形逻辑。BIM 图形逻辑揭示 BIM 前生命周期子系统的层次结构, 揭示子系统与子子系统的 BIM 符号图形与其 BIM 符号图形数据之间的内在联系。用 BIM 管理计划数据可以实时描述建设项目建造的有序运行状态, 称为 BIM 管理计划符号逻辑/BIM 管理计划逻辑。BIM 管理计划逻辑揭示 BIM 管理计划元素之间的分形特性, 揭示 BIM 管理计划与 BIM 赢得值曲线之间的内在联系。同时, BIM 管理计划应用 3D 图实时描述任意节点处建设项目的三维形象进度, 称为 BIM 管理计划逻辑。BIM 图形逻辑和 BIM 管理计划逻辑之间存在相容性, 二者统称为 BIM 逻辑。BIM 逻辑从两个不同的角度描述和揭示 (同一个) 建设项目的特性: BIM 符号图形逻辑揭示 BIM 模拟图形与 BIM 模拟图形数据之间的内在联系; BIM 管理计划逻辑揭示计划元素之间的内在联系, 揭示其分形特性和层次结构特性, 揭示 BIM 管理计划与 BIM 管理计划数据之间的对应关系。BIM 逻辑是人类在生存斗争中对客观世界规律的认识。

3.2.2 BIM 逻辑的分类

BIM 模拟图形和 BIM 管理计划都存在自身的结构和运行的先后次序, 因此 BIM 逻辑可以划分为 BIM 图形逻辑和 BIM 管理计划逻辑。

BIM 逻辑从两个不同的角度描述和揭示同一个建设项目的特性: BIM 图形逻辑以图形逻辑方式揭示 BIM 前生命周期子系统与子子系统之间的层次结构, 揭示 BIM 模拟图形与 BIM 模拟图形数据之间的内在联系; BIM 管理计划逻辑以计划逻辑方式揭示 BIM 中生命周期子系统元素之间的内在联系, 揭示其分形特性和层次结构特性以及 BIM 管理计划与 BIM 管理计划数据之间的内在联系。

BIM 图形逻辑和 BIM 管理计划逻辑相互联系, 各自独立。用 BIM 建筑工程图形不能实现 BIM 管理计划逻辑的表达, 也就是说, BIM 图形逻辑不能代替 BIM 管理计划逻辑[1]。

3.2.2.1 BIM 图形逻辑

用 BIM 模拟图形数据可以再现建设项目的 BIM 模拟图形, BIM 模拟图形揭示了在 BIM 前生命周期子系统中建设项目自身的结构, 并可以描述建设项目结构的有序状态, 这是一个按照子系统、子子系统的层次结构有序展开的过程, 这就是 BIM 图形逻辑。BIM 图形逻辑以图形逻辑方式揭示 BIM 前生命周期子系统与子子系统之间的层次结构, 揭示 BIM 模拟图形与 BIM 模拟图形数据之间的内在联系。BIM 核心建模软件遵循 BIM 图形逻辑。例如, 在法国达索软件中, DT 模拟图形数据是由 DT 核心建模软件生成的。

1. BIM 图形逻辑的特性

BIM 图形逻辑具有如下特性:

(1) 图形层次结构特性。BIM 模拟图形是一个集合概念。BIM 前生命周期子系统的建设项目图形 A 即 BIM 模拟图形 A 可以表示为 $A=\{A_1, A_2, \cdots, A_n\}$,这里, A_1、$A_2, \cdots, A_n$ 是各个子子系统,它们之间存在层次结构。BIM 图形逻辑反映了这种层次结构的有序性,称为层次结构特性。

(2) 图形分形结构特性。BIM 模拟图形 A 具有自身的工程图形,各个子子系统 A_n 也具有自身的工程图形。BIM 图形逻辑反映了 BIM 模拟图形子系统与子子系统自身的工程图形的独立性,称为分形结构特性。

(3) 图形与图形数据对应特性。BIM 模拟图形 A 自身的图形与其对应数据存在对应联系,$A_1, A_2, \cdots, A_n$ 各个子子系统自身的 BIM 图形与其对应的 BIM 图形数据也存在对应联系。BIM 图形逻辑反映了 BIM 模拟图形子系统与子子系统自身图形与其数据对应联系的独立性,称为图形与图形数据对应特性。

2. BIM 图形逻辑的功能

(1) 因为 BIM 图形逻辑可以提供 BIM 模拟图形数据 (3D 模拟图形数据和 DT 模拟图形数据),所以 BIM 图形逻辑可以为 BIM 核心建模软件提供下面两个基本功能开发的理论支持: ① 再现建设项目 BIM 模拟图形 [参见第 2.2.2 节第 (1) 点]; ② 提供建设项目的三维形象进度图形 [参见第 2.2.2 节第 (2) 点]。

(2) 3D 模拟图形设计和 DT 模拟图形设计是建设项目设计阶段的两种设计模式。应用 BIM 前逻辑,建筑工程符号学建立了 3D 模拟图形设计质量核查软件体系,该体系由 3D 协同设计核查软件和 3D 生态设计核查软件组成。

3.2.2.2 BIM 管理计划逻辑

BIM 中生命周期子系统存在自身的结构和运行的先后次序。BIM 管理计划的各种计划类型构成嵌套层次结构[1],每一种计划类型都有自身的分形结构。按照计划嵌套层次结构和计划分形结构有序展开是其运行方式,称为 BIM 管理计划逻辑。BIM 管理计划逻辑揭示 BIM 中生命周期子系统和 BIM 管理计划元素之间的内在联系,揭示 BIM 管理计划类型的层次结构特性,揭示 BIM 管理计划图形与 BIM 管理计划数据之间存在的对应联系 (见图 2.2.5)。

1. BIM 管理计划逻辑的特性

BIM 管理计划逻辑具有如下特性:

(1) 层次结构特性。结构符号网络计划的 AHP 嵌套系统层次结构简称为 BANT 计划层次结构。将 BANT 计划层次结构引入建筑信息模型 (BIM) 后,表示为 BIM–BANT 计划层次结构,称为 BIM 管理计划层次结构。这是一个关于子系统与子子系统的 AHP 嵌套层次结构 (见图 5.2.1)。

(2) 结构特性。在建设项目建造阶段,BIM 管理计划是由 BIM 基本数据和 BIM 新增数据界定的。BIM 管理计划描述建设项目的计划进度,描述基于基本管理计划进度的工程成本、质量、安全以及合同的控制。BIM 管理计划揭示计划元素之间的内在关系,揭示计划元素与计划系统之间的内在结构,揭示基于基本管理计划的各种计划类型之间的层次结构。用 BIM 管理计划可以实时描述建设项目的计划进度。

BIM 管理计划具有自身的计划图形, 各个子系统和子子系统也具有自身的计划图形。BIM 管理计划逻辑反映了 BIM 管理计划子系统和子子系统自身的计划图形的独立性, 称为计划分形结构特性 (见图 5.2.2)。

(3) 对应联系特性。BIM 管理计划图形与 BIM 管理计划图形数据存在对应联系, 各个子子计划系统自身的 BIM 图形与其对应的 BIM 图形数据也存在对应联系, 这是 BIM 管理计划逻辑的对应联系特性。

BIM 模拟图形数据与 BIM 管理计划图形数据之间存在相容性, 这是 BIM 图形逻辑和 BIM 管理计划逻辑的对应联系特性。

2. BIM 管理计划逻辑的功能

BIM 管理计划逻辑有如下两个基本功能。

(1) BIM 管理计划逻辑为 BIM 管理计划软件的开发提供了理论支持。BIM 管理计划软件是 BIM 中生命周期子系统的核心软件, 遵循 BIM 管理计划逻辑。BIM 管理计划数据是由结构符号网络计划技术软件 (或 BANT 软件) 生成的。这里同样应当指出的是, 用 BIM 建筑工程图形也不能实现 BIM 管理计划逻辑的表达。

(2) BIM 建造管理软件。建设项目 BIM 中生命周期子系统的管理软件称为 BIM 建造管理软件。这是一个软件包, 建立 BIM 中生命周期子系统和 BIM 数据库的联系以及实现建设项目建造全方位的管理是其基本任务。BIM 建造管理软件是由 BIM 管理计划软件、BIM 项目管理软件、BIM 人文性软件 (例如 BIM 实名制软件和 BIM 视频软件) 和 BIM 建造核查软件 (4D 施工组织设计核查软件和 4D 竣工资料核查软件) 组成。BIM 项目管理软件是 BIM 建造管理软件的核心软件, 而 BIM 管理计划软件是其内核。

BIM 逻辑揭示了 BIM 前、中生命周期子系统之间的内在联系。BIM 图形逻辑和 BIM 管理计划逻辑之间具有相容性。

3.3 BIM 逻辑机制

BIM 图形逻辑反映建设项目的空间状态, BIM 管理计划逻辑描述建设项目运行的时间过程, 二者之间存在内在的联系, BIM 数据库是其联系的枢纽; 二者以各自的方式独立存在, 相互不可代替; BIM 模拟图形数据和 BIM 管理计划数据之间具有相容性, BIM 模拟图形和 BIM 管理计划之间具有协同性, 称为 BIM 工程项目管理系统逻辑机制/BIM 逻辑机制。

在本书中, BIM 建设项目设计软件/BIM 设计软件和 BIM 建设项目建造管理软件/BIM 建造管理软件是两个重要的软件。BIM 模拟图形设计软件 | BIM 核心建模软件是 BIM 设计软件的核心软件; BIM 项目管理软件是 BIM 建造管理软件的核心软件, 而 BIM 管理计划软件则是 BIM 项目管理软件的内核。BIM 设计软件和 BIM 建造管理软件之间存在内在联系, BIM 数据库是其联系的枢纽; 二者之间具有相容性。按照 BIM 逻辑机制, BIM 软件的开发应解决 BIM 核心建模软件和 BIM 管理计划软件 (或

BIM 模拟图形数据和 BIM 管理计划数据) 之间的相容性, BIM 数据库是解决二者相容性的桥梁。

3.4 BIM 理论

3.4.1 BIM 核心建模理论

在建筑工程设计阶段, 通过建设项目的模拟图形获取其对应的数据, 并应用该数据再现建筑工程项目的虚拟图形, 这就是 BIM 模拟图形设计及其模拟图形功能。实现 BIM 模拟图形和 BIM 模拟图形数据之间的对应联系是其基本任务, 建立 BIM 数据库是其主要目标之一; BIM 模拟图形设计应建立 BIM 图形耦合模型、BIM 参数化模型和 BIM 图形设计模型。

3.4.1.1 BIM 模拟图形设计

BIM 模拟图形设计是一种模拟图形行为, 通过对建筑工程项目的模拟图形获得建筑工程项目图形对应的数据, 并应用该数据再现建筑工程项目的虚拟图形是其共同的功能。3D 模拟图形设计和 DT 模拟图形设计是 BIM 模拟图形设计的两种类型。

(1) 3D 模拟图形设计。三维 (3D) 设计实质上是一种模拟图形行为, 通过模拟图形获得建筑工程项目图形对应的数据, 并应用之再现其虚拟图形, 故称为 BIM-3D 模拟图形设计, 简称 3D 模拟图形设计。3D 模拟图形设计通过模拟建筑工程项目的图形获得数据, 称为 3D 模拟图形数据, 其获取的方式称为 3D 获取方式。建立 3D 模拟图形模型和 3D 数据模型之间的对应联系是 3D 模拟图形设计的基本任务。

(2) DT 模拟图形设计。在建筑工程项目设计阶段, 应用 DT 技术获取建筑工程项目图形对应的数据, 并应用之再现其虚拟图形, 故称为 BIM–DT 模拟图形设计, 简称 DT 模拟图形设计。DT 模拟图形设计应用数字技术模拟建筑工程项目的图形获得数据, 称为 DT 模拟图形数据, 其获取的方式称为 DT 获取方式。建立 DT 模拟图形模型和 DT 模拟图形数据模型之间的对应联系是 DT 模拟图形设计的基本任务。

3D 模拟图形设计适用于小土木工程的设计, DT 模拟图形设计适用于大土木工程的设计。在同一个建设项目中, 3D 模拟图形设计适用于标准型部分的设计, DT 模拟图形设计适用于非标准型部分的设计。

3D 模拟图形和 3D 模拟图形数据之间存在对应联系, 实现了此对应联系的模型称为 3D 模拟图形模型。相应地, DT 模拟图形和 DT 模拟图形数据模型之间存在对应联系, 实现此对应联系的模型称为 DT 模拟图形模型。这里, 3D 模拟图形和 DT 模拟图形、3D 模拟图形数据模型和 DT 模拟图形数据模型分别称为 BIM 模拟图形和 BIM 模拟图形数据模型。3D 模拟图形模型和 DT 模拟图形模型统称为 BIM 模拟图形模型。在 BIM 模拟图形模型中, BIM 模拟图形模型与 BIM 模拟图形数据模型之间实现了其对应联系即同一性。因此, BIM 模拟图形模型具有图形化、数据化和可视化的特性, 或者说, BIM 前模型实现了 BIM 模拟图形化和 BIM 模拟图形数据化及 BIM 前可视化。

BIM 模拟图形 (3D 模拟图形和 DT 模拟图形) 是 BIM 模拟图形设计的主要内容, 通过之可以获得 BIM 模拟图形的数据, 用 BIM 模拟图形数据可以再现建筑工程项目的虚拟图形。因此 BIM 模拟图形设计具有理论意义和实用价值。

在 2.1 节中已经述及, 在考察建筑信息模型产生与发展历史的基础上, 作者依据国际上的 3 种定义, 提出崭新的 BIM 定义 (参见第 2.1 节)。国际上的 BIM 定义是 DT 模拟图形设计存在的依据, 而此定义则是 3D 模拟图形设计客观存的理论依据。

3D 模拟图形设计和 DT 模拟图形设计的实质性差异参见表 3.4.1。

表 3.4.1　3D 模拟图形设计和 DT 模拟图形设计的比较

	比较内容	3D 模拟图形设计	DT 模拟图形设计
1	理论依据	作者提出的 BIM 定义	国际上的 BIM 定义
2	模拟图形数据及其获取方式	3D 模拟图形数据, 3D 获取方式	DT 模拟图形数据, DT 获取方式
3	模拟图形数据获取的技术	CAD 技术	DT 技术
4	应用物理工具	鼠标和计算机键盘	计算机键盘
5	适用工程对象	标准化建筑工程和小土木建设项目	非标准化建筑工程和大土木建设项目

3.4.1.2　BIM 数据库

BIM 数据库是 BIM 核心建模理论的重要内容。作者关于 BIM 数据库的创新主要表现在两个方面: 关于 BIM 数据库的定义、特性、建立的途径、数据的界定、开发的方式等研究成果是第一方面; BIM 数据库是联系 BIM 前生命周期子系统和 BIM 中生命周期子系统的枢纽是第二方面。BIM 数据库的这些研究成果对 BIM 数据库的开发具有重要的学术意义和实际价值。

在 BIM 前、中生命周期子系统运行的过程中会产生庞大的数据, 对这些数据组织、存储和管理的方式称为 BIM 工程项目管理数据库/BIM 数据库。BIM 模拟图形设计是建立 BIM 数据库的过程, 实现 BIM 模拟图形和 BIM 模拟图形数据之间的同一性是建立 BIM 数据库主要的途径。BIM 工程项目管理数据应能够自动录入 BIM 数据库。BIM 模拟图形模型与 BIM 管理计划模型描述的是同一个建设项目, 故 BIM 前图形数据和 BIM 建造图形数据之间具有相容性。

BIM 数据库由 BIM-WBS 结构分解结果和 BIM 数据库结构编码结果两部分构成, 前者称为 BIM 数据库嵌套层次结构 | BIM 数据库结构, 后者称为 BIM 数据库结构编码。这种将建设项目元素分解为项目系统与子项目系统并对之编码的方法称为 BIM-WBS 方法。BIM 数据库的开发是以 BIM-WBS 方法作为引擎的。用 BIM 项目管理软件不仅应能够从 BIM 数据库中读取建设项目的相关数据并生成 BIM 新生数据, 而且还能够直接提取建设项目的 BIM 数据库结构编码, 实现建筑工程建造阶段的管理。

BIM 模拟图形数据 (3D 模拟图形数据、DT 模拟图形数据) 是在 BIM 模拟图形设计过程中产生的。3D 获取方式是 3D 模拟图形数据的获取方式, 应用的是 CAD 技术; DT 获取方式是 DT 模拟图形数据获取数据的方式, 应用的是 DT 技术。

BIM 模拟图形和 BIM 管理计划之间、BIM 前生命周期子系统和 BIM 中生命周期子系统的相关数据之间存在相容性。用 BIM 项目管理软件可以从 BIM 数据库中读取建设项目的相关数据并生成新的数据, 称为 BIM 新生数据。BIM 管理计划基本数据、BIM 管理计划时间和 BIM 新生数据是在 BIM 中生命周期子系统中产生的数据,这些数据确定了 BIM 管理计划及其相关曲线 (例如 BIM 赢得值曲线), 它们可以描述建设项目建造的有序、实时运行状态。

BIM 数据库应是一个开放的数据资源。在 BIM 前、中生命周期子系统运行过程中产生的 BIM 图形数据应自动录入 BIM 数据库。

BIM 生命周期存在自洽性即 BIM 相容性, 这是 BIM 理论的灵魂和准则。BIM 模拟图形和 BIM 管理计划之间、BIM 前生命周期子系统和 BIM 中生命周期子系统的相关数据之间存在相容性。用 BIM 项目管理软件不仅能够从 BIM 数据库中读取建设项目的相关数据并生成 BIM 新生数据, 而且还能够直接提取建设工程项目的 BIM 数据库结构编码。

BIM-WBS 方法是 BIM 数据库开发的引擎的最佳模式: 在建筑工程设计阶段, 应用 BIM-WBS 结构细化建设项目的层次结构, 并通过 BIM 数据库结构编码把 BIM 模拟图形设计与 BIM 数据库联系起来; 在建筑工程建造阶段, BIM 项目管理软件通过 BIM 数据库读取相关数据和提取 BIM 数据库结构编码, 实现 BIM 项目管理, 调用 BIM 数据库的相关数据生成 BIM 管理计划是 BIM 管理计划软件开发的目标, 其中, 3D 模拟图形数据界定 3D 图, 自动生成 3D 图功能的开发具有重要的意义。

BIM 数据库结构和 BIM 数据库结构编码本质上就是 BIM-WBS 结构和 BIM-WBS 结构编码。

BIM 数据库的开发详见 5.2 节。

3.4.1.3　BIM 图形耦合模型

BIM 模拟图形和 BIM 模拟图形数据之间存在对应联系, 二者之间具有同一性, 实现其同一性是 BIM 模拟图形设计的基本任务。建立了 BIM 模拟图形和 BIM 模拟图形数据之间的对应联系遂建立了 BIM 图形耦合模型, 它为后面的设计奠定了坚实的基础。

BIM 图形耦合模型可以划分为 3D 模拟图形耦合模型和 DT 模拟图形耦合模型。

(1) 3D 模拟图形耦合模型。3D 模拟图形和 3D 模拟图形数据之间存在对应联系, 二者之间具有同一性, 实现其同一性是 3D 模拟图形设计的基本任务。建立了 3D 模拟图形和 3D 模拟图形数据之间的对应联系, 遂可认为 3D 模拟图形设计建立了 3D 模拟图形耦合模型。

(2) DT 模拟图形耦合模型。DT 模拟图形和 DT 模拟图形数据之间存在对应联系, 二者之间具有同一性, 实现其同一性是 DT 模拟图形设计的基本任务。建立了 DT 模拟图形和 DT 模拟图形数据之间的对应联系, 遂可认为 DT 模拟图形设计建立了 DT 模拟图形耦合模型。

BIM 图形耦合模型 (3D 图形耦合模型、DT 图形耦合模型) 是关于 BIM 前生命周期的创新概念。BIM 图形耦合模型是 BIM 模拟图形设计的第一个目标成果, 它为后面的设计目标奠定了坚实的基础。

3.4.1.4　BIM 参数化模型

实体 (或构件) 是关于图形的概念, 图元是关于图形数据的概念, 二者之间存在对应联系。参数化是 BIM 模拟图形设计的重要理念, 它关注元素 (构件、工艺) 和各个工种之间的关联性和相容性, 实现 BIM 参数化设计是其核心思想。实体与图元是关于能指和所指的概念, 二者之间存在对应关系, 具有同一性。在建设项目 BIM 图形耦合模型的基础上建立了实体和图元之间的对应联系, 遂可认为 BIM 模拟图形设计建立了参数化模型, 称为 BIM 参数化模型。

BIM 参数化模型 (3D 参数化模型、DT 参数化模型) 具有协同优化功能, 是建设项目最有力的优化工具, 它为实现 BIM 生命周期管理的规范化和精细化奠定了坚实的理论基础。

3.4.1.5 BIM 图形设计模型

实现了 BIM 参数化设计的 BIM 图形耦合模型称为 BIM 图形设计模型。BIM 图形设计模型具有再现建设项目自身虚拟图形的功能, 可以 "再现" 的不仅是 3D 模拟图形数据对应的建设项目自身的虚拟图形, 而且还可以 "再现" DT 模拟图形数据对应的建设项目的虚拟图形。BIM 图形设计模型具有协同性、相容性、协同优化性。

BIM 图形设计模型是 BIM 模拟图形设计的最终设计目标, BIM 图形设计模型的协同优化特性对于建设项目具有重要意义。

3.4.1.6 BIM 设计软件及其开发的支撑理论

BIM 建设项目设计软件/BIM 设计软件是在设计阶段开发的, 这是一个软件包, 实现建设项目的全面设计和建立 BIM 数据库是其基本任务。BIM 设计软件由 BIM 模拟图形设计软件、BIM 设计核查软件 (例如 3D 设计碰撞软件)、BIM 数据库软件和 BIM-WBS 软件 (参见 5.2.2.1 节) 组成。BIM 模拟图形设计软件是其核心软件。BIM 核心建模理论是其支撑理论。以 3D 模拟图形设计软件为例, 它应是一个包括建筑设计、建筑结构设计、建筑设备设计等的系列软件。3D 模拟图形设计软件本质上就是 3D 核心建模软件。

BIM 模拟图形设计、BIM 图形耦合模型、BIM 参数化模型和 BIM 图形设计模型是 BIM 核心建模软件开发的 4 个理论点。建立了 BIM 模拟图形和 BIM 模拟图形数据之间的对应联系遂建立了 BIM 图形耦合模型, 它为后面的设计奠定了基础; 在 BIM 前耦合模型的基础上实现了实体和图元之间的对应联系, 遂建立了 BIM 参数化模型; 实现了 BIM 参数化设计的 BIM 图形耦合模型就是 BIM 图形设计模型。BIM 核心建模软件开发最终要落实在 BIM 参数化模型上, 最终产生的是一个具有 BIM 参数化功能的 BIM 核心建模软件。

3.4.2 BIM 建造理论

BIM 中生命周期子系统具有自身的理论, BIM 管理计划、BIM 项目管理、BIM 建造核查软件和 BIM 智慧型工地是其主要理论工作内容, 其理论内涵称为 BIM 建造理论。BIM 管理计划是 BIM 项目管理的核心内容, BIM 管理计划 (软件) 可以读取 BIM 数据库的相关数据和 BIM 数据库结构编码, 故 BIM 项目管理是 BIM 管理计划理论的核心理论。

通过 BIM 管理计划 (软件) 可以获得 BIM 管理计划数据, 用 BIM 管理计划数据可以再现虚拟 BIM 管理计划, 这具有重要的理论意义和实用价值。

3.4.2.1　BIM 管理计划

网络计划是具有确定输入、确定输出和具有确定内态的以计划结构符号作为信息载体的封闭系统, 这是一个时间系统。将 BANT 计划引入 BIM 后表示为 BIM–BANT 计划, 并辅以 3D 图, 称为 BIM 管理计划。BIM 管理计划除了具有自身的结构与特性 (例如层次结构和时标计划) 外, 还吸收了 BIM 模拟计划 3D 图的优势。3D 图–单代号横道计划是依据单代号计划时间定位的, 存在系统结构不相容的错误, 并且没有计算功能, 所以本书不予采用。

顺便说明, 目前我国尚不能开发 BIM 核心建模软件; 由于美国 P3 软件和广联达梦龙 LinkProject 软件即现在的广联达斑马网络计划软件[2] 都存在系统结构不相容的错误, 所以本文不采用传统网络计划技术软件。

BIM 管理计划具有层次结构特性, 具体表现为: 用元素矢和虚矢绘制的管理计划称为 BIM 基本管理计划; 在 BIM 基本管理计划的基础上, 每增加一种新的结构符号就增加了一种新的 BIM 管理计划类型, 例如, 增加了搭接链的管理计划称为 BIM 搭接管理计划。

BIM 管理计划不存在系统结构不相容的错误, 除了具有自身的结构与特性 (例如层次结构和时标计划) 外, 还吸收了 BIM 模拟计划 3D 图的优势, BIM 管理计划是对横道计划、传统网络计划和 BIM 模拟计划研究成果的综合创新成果。

在建筑工程设计阶段, 应用 WBS 结构细化建设项目的层次结构, 并通过其把 3D 模拟图形设计与 BIM 数据库联系起来; 在建筑工程建造阶段, 应解决好从 BIM 数据库获取所需计划数据和调用相关 WBS 结构的问题。3D 模拟图形数据可界定 3D 图。调用 BIM 数据库的相关数据生成 BIM 管理计划是 BIM 管理计划软件开发的目标。其中, 自动生成 3D 图功能的开发具有重要的意义, 其成功开发验证了 BIM 模拟图形与 BIM 管理计划之间的相容性。3D 图是一个时刻概念, 故 BIM 三维形象进度计划 | 3D 图计划应实时反映建设项目的时刻特征; 3D 图是一个实体概念, 每一个 3D 图都蕴含 (或对应) 了一个特定的数据集合。

3.4.2.2　BIM 管理计划耦合模型

BIM 管理计划和 BIM 管理计划数据之间存在对应关系, 二者之间具有同一性, 实现了同一性的 BIM 管理计划和 BIM 管理计划数据称为 BIM 管理计划耦合模型。BIM 管理计划耦合模型描述 BIM 管理计划元素 (工作、活动) 之间的联系。建立了 BIM 管理计划和 BIM 管理计划数据之间的对应关系, 遂可认为建立了 BIM 管理计划耦合模型。

3.4.2.3　BIM 建造管理软件及其开发的支撑理论

BIM 建造管理软件是在建造阶段开发的 (例如 BIM 管理计划软件、4D 核查软件), 这是一个软件包, 建立 BIM 中生命周期子系统和 BIM 数据库的联系以及实现建设项目建造全方位的管理是其基本任务。BIM 项目管理软件是 BIM 建造管理软件的核心软件。BIM 建造理论是 BIM 建造管理软件开发的支撑理论。

3.4.3 BIM 工程项目管理理论和方法

BIM 工程项目管理是建设项目 BIM 生命周期的管理理论和方法, 是工程项目管理企业代表业主对建设项目实施全过程或若干阶段的管理和服务的方式。BIM 工程项目管理是建设项目设计、建造和运营全过程的管理。BIM 建设项目设计软件、BIM 建造管理软件和 BIM 物业管理软件是 BIM 软件的代表性软件。在设计和建造阶段, BIM 数字工程和 BIM 技术都独自发挥了自己的作用, 但在建设工程运营阶段即物业项目运营阶段, 则只有数字建造理论和方法/BIM 数字建造 (参见 3.5 节) 能够发挥作用, 这是因为投资项目已经变为物业项目。建设项目的设计和建造是 BIM 前、中生命周期子系统的主要内容, 二者之间存在内在联系, 并且存在相容性, BIM 数据库是其联系的枢纽。鉴于此, BIM 软件本质上是指 BIM 建设项目设计软件和 BIM 建造管理软件, 它们属于生产型管理软件。

BIM 软件应通过 BIM 数据库将 BIM 前生命周期子系统和 BIM 中生命周期子系统联系起来, 用统一的数据源来规范、协同各种信息, 解决好 BIM 前生命周期子系统和 BIM 中生命周期子系统之间信息的相容性, 确保系统信息流的畅通。

BIM 物业运营软件可以划分为自行管理、委托管理和信托管理 3 种类型, 应充分开发好其专业性, 反映其社会功能和文化功能。BIM 物业运营软件是物业运营阶段的有效工具, BIM 数字建造是其开发的支撑技术。尽管 BIM 工程项目管理只在设计和建造阶段发挥其作用, 而在物业运营阶段则只有 BIM 数字建造能够发挥作用, 但它仍然属于 BIM 工程项目管理的范畴。

3.4.4 关于 BIM 物业运营

统筹方法是华罗庚先生提出的科学理念与方法, 为中国工程管理科学奠定了坚实的理论基石[3]。40 多年后即在 2006 年, 丁士昭教授针对此传统观念提出了 "工程项目全寿命管理系统[4], " 从而赋予了工程项目管理全生命周期的内涵。

在建设工程设计阶段和建设工程建造阶段, 投资者是建设项目的业主, 称为投资项目业主。当建设项目的竣工资料移交给政府的相关部门并成功进入市场后, 投资项目业主的使命就完成了, 建设项目的管理者具有了新的内涵, 称为建设项目物业运营业主, 简称运营业主。这表明建设项目设计阶段和建造阶段的结束以及 BIM 物业运营的开始[5]。

3.4.5 BIM 相容性

BIM 生命周期存在自洽性, 称为 BIM 相容性。建设项目的 BIM 生命周期是一个不断优化的过程, 相容性是其内在的根据。在 BIM 生命周期各个阶段都有其自身的理论内涵, 这些理论内涵构成了 BIM 生命周期管理理论/BIM 理论, BIM 相容性是 BIM 理论的灵魂和准则。BIM 相容性反映的是建设工程内部的相关关系, 因此它强化了建设项目各个元素和各个工种之间的协同开发, 强化了各个参与方的合作和协调一致。

3.4.5.1 BIM 相容性的支撑理论

本书建立了符号学跨建筑信息模型学科研究理论, 该理论是建筑工程符号学基础理论的组成部分, 它为建筑工程符号学提供了正确的研究方法, 具有重要的理论意义。符号学跨 BIM 学科研究理论主要体现在 BIM 能指 (BIM 图形模型)、BIM 所指 (BIM 图形数据模型) 和 BIM 意指 (BIM 能指和 BIM 所指自身的内涵及其二者之间的同一性) 的研究。对 BIM 图形模型和 BIM 图形数据模型的解释以及对二者之间内在联系相容性的解释是 BIM 意指的物理意义。

BIM 图形模型和 BIM 图形数据模型之间存在关联性和相容性。BIM 技术的关联性和相容性是建筑信息模型的两个信息富矿, 而 BIM 意指则是开采它们的机械。BIM 能指和 BIM 所指之间存在同一性。这里的同一性具有两层物理意义: 一是 BIM 能指和 BIM 所指之间应建立对应联系, 这是产生关联性和相容性的理论依据; 二是应对 BIM 能指和 BIM 所指之间的相容性进行解释, 这是开发两个信息富矿的理论根据。

符号学跨建筑信息模型学科研究理论是 BIM 相容性的支撑理论。

3.4.5.2 BIM 相容性的主要内容

1. BIM 术语的相容性

在建筑工程符号学中涉及的术语称为 BIM 术语, BIM 术语通常标注有相关前缀, 例如 "BIM"。本书严格区分 BIM 术语与非 BIM 术语。BIM 术语必须具有独立的语义才能独自存在。例如, BIM 生命周期、BIM 模拟图形设计、BIM 模拟图形、BIM 模拟图形数据。又例如, BIM 工程项目管理理论和方法/BIM 工程项目管理、BIM 工程项目管理理论和方法软件/BIM 软件。再例如, 结构符号网络计划技术软件 | BANT 3.0 软件、BIM 三维形象进度图 | 3D 图。

BIM 术语之间的语义不能重复、不能相同、不能矛盾, 称为 BIM 术语的相容性。BIM 理论具有自洽性。本书通过实现 BIM 术语的相容性来实现 BIM 理论的自洽性。

建筑工程符号学的写作过程就是 BIM 术语产生的过程, 是 BIM 术语不断深化认识、修正和完善的过程, 是实现 BIM 术语之间相容性的过程, 这是一个渐进的过程。

2. BIM 逻辑的相容性

BIM 图形逻辑以图形符号方式揭示 BIM 前生命周期子系统与子子系统之间的层次结构, 揭示 BIM 模拟图形与 BIM 模拟图形数据之间的内在联系; BIM 管理计划逻辑以结构符号方式揭示 BIM 中生命周期子系统元素之间的内在联系, 揭示其分形特性和层次结构特性以及 BIM 管理计划与 BIM 管理计划数据之间的内在联系。BIM 图形逻辑和 BIM 管理计划逻辑二者之间具有相容性: BIM 逻辑揭示了 BIM 前、中生命周期子系统之间的内在联系与相容性。此外, BIM 前、中生命周期子系统之间的内在联系与相容性还表现为: 通过 BIM 数据库可以读取建设项目计划的相关数据, 并在 BIM 管理计划中运行后产生 BIM 新增数据, 从而形成 BIM 管理计划数据。

依据爱因斯坦的理论可以得到时空不能分离的结论, 但是作为当今国际上最优秀的 BIM 核心建模软件, 法国的达索软件只有 BIM 图形逻辑, 而没有 BIM 管理计划逻辑——这就是说, 达索软件将时空分离了! 这是一个令人遗憾的理论缺陷。

BIM 图形逻辑 (3D 模拟图形逻辑和 DT 模拟图形逻辑) 反映的是建设项目的空

间状态, BIM 管理计划逻辑描述的是建设项目运行的时间过程, 二者不可分离——具体地说, 就是在建设工程设计阶段中的 BIM 模拟图形设计与在建设工程建造阶段中的 BIM 管理计划之间存在内在的联系, BIM 数据库是其联系的枢纽。BIM 图形逻辑和 BIM 管理计划逻辑以各自的方式同时存在的, 且二者之间具有相容性。应用 BIM 模拟图形数据可以再现虚拟的 BIM 模拟图形, 揭示建设项目自身的结构; 应用 BIM 管理计划数据就可以通过 BIM 管理计划曲线描述建设项目计划的有序运行状态, 同时可以通过 3D 图实时描述任意节点处建设项目的三维形象进度。

3. BIM 模拟图形与 BIM 管理计划的相容性

因为 BIM 模拟图形模型与 BIM 管理计划模型描述的是同一个建设项目, 所以 BIM 模拟图形数据和 BIM 管理计划数据之间存在相容性。因此 BIM 模拟图形和 BIM 管理计划具有相容性, 这是将二者统称为 BIM 图形的理论依据。

建设项目前生命周期子系统的数据是 BIM 数据库数据的主要来源。BIM 管理计划对应的数据就是 BIM 管理计划数据, 此外还可以从 BIM 数据库中读取 BIM 管理计划基本数据并依据之在 BIM 中生命周期子系统的运行中产生出 BIM 新增数据, 故 BIM 模拟图形数据和 BIM 管理计划数据之间存在相容性。

用 BIM 项目管理软件不仅能够从 BIM 数据库中读取建设项目的相关数据并生成 BIM 新生数据, 而且还能够直接提取 BIM 数据库的 BIM-WBS 结构编码用于建设工程项目的建造。通过 BIM 数据库可以将建设项目的 BIM 前生命周期和 BIM 中生命周期联系起来, 用统一的数据源来规范各种信息的交流, 协同信息流的相容性, 保证系统信息流的畅通。从这个意义上说, 协同已经不再是简单的文件参照过程, BIM 技术为协同设计提供了底层技术支撑, 从而大幅度地提升了协同设计的技术含量。

BIM 模拟图形与 BIM 管理计划的相容性还体现在建设项目的实际施工中: 提供建设项目的数据源是 BIM 模拟图形 (设计) 的作用, 而对建设项目实施计划控制则是 BIM 管理计划的功能。利用 BIM 管理计划可以依据工程实际对建设项目的 4D 进度计划和 5D 成本计划进行调整、控制, 因为调整和控制所用的数据均来自建设项目的 BIM 数据库, 保证了 BIM 模拟图形设计和 BIM 管理计划实施的相容性。

4. BIM 技术的相容性

建筑信息模型面对的是建设工程的全生命周期, 建设工程的设计、建造和运营之间存在自洽性。BIM 技术反映的是建设工程内部的相关关系, 这些相关关系之间存在相容性, 称为 BIM 技术的相容性。在 BIM 中建设项目只有一个"身份证", 因此其数据库具有唯一性, 并且其工程数据具有共享性, 这是 BIM 技术相容性的根据。BIM 技术的相容性强化了建设项目各个工种之间的协同设计, 强化了建设项目各个参与方的合作及协调一致。

BIM 技术本质上是一个关于建设项目软件概念, 是一个关于图形化和数据化、相容性和协同化的概念, 它主要体现为 BIM 核心建模软件和 BIM 项目管理软件以及 BIM 物业运营软件之间的相容性。

5. BIM 参数化的相容性

实体 [或构件 (object)] 是关于图形 (例如几何图形及其集合) 的概念, 图元 (entity)

是关于图形数据 (数字、数字集合) 的概念, 二者之间存在对应联系。参数化是 BIM 模拟图形设计的重要理念。参数化关注元素 (构件、工艺) 和各个设计工种之间的关联性和相容性。实体与图元是关于 BIM 能指和 BIM 所指的概念, 二者之间存在对应关系, 具有相容性, 称为 BIM 参数化的相容性。

BIM 参数化设计是一个数字化设计的概念。BIM 参数化模型有两类参数: 一是图元的各种参数, 称为可变参数; 二是构件的各种图形联系, 称为不变参数。参数化的本质是在调整可变参数时, 系统能够自动维护所有的不变参数。BIM 模拟图形设计反映的是建设项目内部的相关关系, 这些相关关系之间具有相容性即 BIM 相容性。参数化确保了 BIM 相容性: 修改任何一个设计数据, 相关元素和相关的设计工种的相关设计数据也会随之改变。协同优化是 BIM 参数化模型鲜明的特性。

此外, 还有 BIM 坐标系的相容性 (参见 2.5.1.1 节)。

3.4.5.3 BIM 核查软件

建筑工程符号学建立了 BIM 工程项目管理系统质量核查软件体系。在建设项目设计阶段和建造阶段实现 BIM 模拟图形设计和施工的质量检测是一种特定的功能, 具有该功能的软件称为 BIM 质量核查软件/BIM 核查软件, 这是 BIM 工程项目管理系统在质量方面的核查软件。BIM 核查软件包括 BIM 设计核查软件 (3D 协同设计核查软件 | 3D 设计碰撞软件、3D 生态设计核查软件) 和 BIM 建造核查软件 (4D 施工组织设计核查软件、4D 竣工资料核查软件)。BIM 相容性是驱动 BIM 设计核查软件开发的内在原因。

绿色、生态、节能、可持续发展是建设项目应贯彻的设计理念, 称为绿色建筑设计。3D 生态设计核查软件是绿色建筑设计的质量核查软件。

在建设项目施工之前, 利用 3D 设计碰撞软件可以对 BIM 模拟图形设计的相容性问题进行协同性核查。例如, 3D 设计碰撞软件能够对建设项目及其各专业设计之间存在的不相容性问题进行协同性核查, 并能够自动生成 3D 设计碰撞核查图和 3D 设计碰撞核查报告, 防患于未然。

4D 施工组织设计核查软件是施工组织设计的质量核查软件, 核查施工组织设计的相容性和核查各个施工工种组织的协同性是其主要内容。

3.4.5.4 BIM 法则

BIM 相容性是 BIM 软件开发应遵循的规律, 称为 BIM 软件开发法则/BIM 法则。BIM 法则主要体现为: 在 BIM 模拟图形设计中的 BIM 逻辑相容性和 BIM 参数化相容性; BIM 模拟图形和 BIM 管理计划之间的相容性。

3.5 关于 BIM 数字建造理论和方法

在 BIM 技术的背景下用数字设计实现某一物业领域 (例如数字建筑、智慧城市、政务数据、数字地球、3D 打印、机器人制造) 解决方案的理论, 在实际应用中体现为一种技术和管理模式, 这就是数字建造理论和方法/BIM 数字建造。用数字设计获得的数据再现物业对象的虚拟图形和实现其建造是 BIM 数字建造的亮点与创新。BIM 数字建造是基于数字设计的理论体系, 这是一个非生命周期全过程管理模型的概念。

3.6　结语

(1) 符号学跨 BIM 学科研究理论主要体现在 BIM 能指 (BIM 图形模型)、BIM 所指 (BIM 图形数据模型) 和 BIM 意指 (BIM 能指和 BIM 所指自身的内涵及其二者之间的同一性) 的研究。对 BIM 图形模型和 BIM 图形数据模型的解释, 对二者之间内在联系相容性的解释是 BIM 意指的物理意义。

(2) BIM 逻辑揭示了 BIM 前、中生命周期子系统之间的内在联系与相容性。BIM 图形逻辑和 BIM 管理计划逻辑二者之间具有相容性。

(3) BIM 模拟图形设计和 BIM 管理计划技术之间存在相容性, 具体表现为 BIM 模拟图形数据和 BIM 项目管理计划数据的相容性。

(4) BIM 模拟图形设计理论 | BIM 核心建模理论、BIM 建造理论和 BIM 运营理论统称 BIM 生命周期管理理论 | BIM 理论。BIM 理论是一个定性概念, 而 BIM 软件开发理念则是一个定量概念。

参考文献

[1]　任世贤. BIM 逻辑及其表达. 任世贤的新浪博客, 2016. 11.

[2]　任世贤. 涂绘了斑马色的广联达梦龙软件. 任世贤的新浪博客, 2017. 11.

[3]　任世贤. 工程统筹技术. 北京: 高等教育出版社, 2016: 10.

[4]　丁士昭. 工程项目管理. 北京: 中国建筑工程出版社, 2006.

[5]　任世贤. 简谈建设项目管理模式的表达方式. 任世贤的新浪博客, 2018. 9.

第 4 章　BIM 工程项目管理理论和方法软件

4.1　BIM 软件的定义及其类型的划分

4.1.1　BIM 软件的定义

在 BIM 生命周期中产生的各种类型的软件统称为 BIM 工程项目管理系统软件/BIM 软件。BIM 建设项目设计软件/BIM 设计软件、BIM 建设项目建造管理软件/BIM 建造管理软件和 BIM 物业运营软件是 BIM 软件的主要组成部分。应通过 BIM 数据库把建设项目的前生命周期和中生命周期联系起来，用统一的数据源来规范 BIM 设计软件和 BIM 建造管理软件中各种信息的交流，协同 BIM 系统信息流的相容性，保证系统信息流的畅通。

4.1.2　BIM 软件的分类

4.1.2.1　按照 BIM 生命周期划分

按照建设项目的 BIM 生命周期，可以将 BIM 软件划分为 3 种。

(1) BIM 设计软件。BIM 建设项目设计软件/BIM 设计软件是在建设工程设计阶段产生的，属于 BIM 前生命周期子系统软件。

(2) BIM 建造管理软件。BIM 建设项目建造管理软件/BIM 建造管理软件是在建设工程建造阶段产生的，属于 BIM 中生命周期子系统软件。

(3) BIM 物业运营软件。BIM 物业运营软件是在物业项目运营阶段产生的，属于后生命周期子系统软件。

4.1.2.2　按照功能划分

按照功能和用途，可以将 BIM 软件划分为如下 4 种。

(1) BIM 核心建模软件。主要指在建设工程设计阶段用来实现 BIM 模拟图形设计的软件，这就是 BIM 模拟图形设计软件 (3D 模拟图形设计软件、DT 模拟图形设计软件)。

(2) BIM 管理计划软件。BIM 项目管理软件是在建设工程建造阶段用来进行施工管理的软件，它是 BIM 建造管理软件的核心软件，而 BIM 管理计划软件是 BIM 项目管理软件的内核。

(3) BIM 核查软件。在建设工程设计阶段实现建设项目 BIM 模拟图形设计的协同性检查和在建设工程建造阶段实现建设项目施工协同性检查是一种特定功能,具有该功能的软件称为 BIM 核查软件,这是 BIM 软件在质量方面的配置软件。BIM 核查软件可以划分为 BIM 设计核查软件 (3D 协同设计核查软件 | 3D 设计碰撞软件、3D 生态设计核查软件) 和 BIM 建造核查软件 (4D 施工组织设计核查软件、4D 竣工资料核查软件); 前者是 BIM 前生命周期子系统的质量核查软件, 后者是 BIM 中生命周期子系统的质量核查软件。

(4) BIM 共享软件。具有存储功能、能够提供各种管理图表及其他共享服务者称为共享软件。例如 BIM 数据库、BIM 建造管理工作站。

4.2　BIM 软件开发理念

在 BIM 生命周期各个阶段上都有 BIM 软件的开发内容, 这些软件的开发构成了 BIM 工程项目管理理论和方法软件/BIM 软件的开发理念, 主要体现为 BIM 软件开发的内在逻辑、BIM 法则、BIM 开发技术路线、BIM 软件开发制式等。

4.2.1　BIM 软件开发的内在逻辑

应用 BIM 模拟图形设计理论 | BIM 核心建模理论开发的软件称为 BIM 模拟图形设计软件。BIM 模拟图形设计软件 | BIM 核心建模软件是 BIM 建设项目设计软件的核心软件。BIM 核心建模理论是 BIM 核心建模软件开发的支撑理论。从 BIM 核心建模理论到 BIM 核心建模软件的实际开发, 这是 BIM 核心建模软件开发的内在逻辑[1]。

推而广之: 各种类型的 BIM 软件都具有自身的开发内容, 这些开发内容的理论内涵构成 BIM 生命周期管理理论/BIM 理论。从 BIM 理论到 BIM 生命周期各个子系统的各种类型软件的实际开发是 BIM 软件开发内在逻辑/BIM 内在逻辑。

4.2.2　BIM 法则

有关 BIM 法则的内容请见 3.4.5.4 节, 这里不再赘述。

4.2.3　BIM 理论链

BIM 模拟图形是 BIM 前生命周期子系统的核心内容。BIM 图形耦合模型 → BIM 参数化模型 → BIM 图形设计模型 → BIM 软件开发制式称为 BIM 理论链。

BIM 核心建模软件 →BIM 管理计划软件 →BIM 物业运营软件构成 BIM 理论应用链。

(1) BIM 核心建模软件。应用 BIM 模拟图形设计理论内涵开发的软件称为 BIM 模拟图形设计软件 | BIM 核心建模软件, 这是一个包括建筑设计、建筑结构设计、建筑设备与管道等的系列软件。按照数据获取的方式可以将 BIM 核心建模软件划分为 DT 和 3D 模拟图形设计软件; DT 获取方式是前者的获取方式, 应用的是 DT 技术, 称

为 DT 数字工程; 3D 获取方式是后者的获取方式, 应用的是 CAD 技术, 称为 3D 数字工程。建设项目数据化是伴随 BIM 数字工程的必然结果。3D 模拟图形设计软件是作者提出的 BIM 定义的产物。

实现建设项目的 BIM 图形设计模型和建立 BIM 数据库是 BIM 模拟图形设计软件的主要目标; BIM 设计核查软件应为实现各设计工种之间的协调提供检查手段。

(2) BIM 管理计划软件。以 BIM 管理计划作为技术支撑开发的软件称为 BIM 管理计划软件。在 BIM 管理计划软件的基础上增加了费用、质量、工期等管理内容的软件称为 BIM 项目管理软件。BIM 管理计划是 BIM 项目管理软件的核心技术。BIM 项目管理软件不仅应能够从 BIM 数据库中读取建设项目的相关数据而生成 BIM 新生数据, 而且还应能够直接提取建设项目的 BIM-WBS 编码结构, 直接用于 BIM 中生命周期子系统的管理[2]。

(3) BIM 物业运营软件。应用 BIM 运营理论内涵开发的软件称为 BIM 物业运营软件, 它可以划分为自行管理、委托管理和信托管理 3 种类型, 应充分开发其专业性, 反映其社会功能和文化功能。BIM 物业运营软件是物业运营阶段的有效工具, BIM 数字建造是其开发的支撑技术。BIM 物业运营软件是 BIM 物业系统软件的特定类型。

4.2.4　BIM 软件开发制式

BIM 工程项目管理理论和方法软件/BIM 软件的开发应遵循 BIM 逻辑机制。BIM 图形设计模型和 BIM 数据库是 BIM 模拟图形设计应实现的两个目标。在此过程中获取的数据应自动录入 BIM 数据库; 用 BIM 项目管理软件不仅要能够从 BIM 数据库中读取建设工程项目的相关数据并生成 BIM 新生数据, 而且还能够直接提取建设工程项目的 BIM-WBS 编码结构, 这是一种和谐的整体设计, 称为基于 BIM 逻辑机制的 BIM 软件开发制式。

4.3　BIM 软件与工程项目管理软件的实质性差异

BIM 工程项目管理和工程项目管理都反映建设项目生命周期的全过程, 但二者存在实质性的差异。表 4.3.1 主要从应用软件工具 (BIM 软件和工程项目管理软件) 的角度来揭示二者之间的实质性差异。

对表 4.3.1 简要说明如下:

(1) 第 2 栏: BIM 软件本质上是指 BIM 建设项目设计软件和 BIM 建造管理软件, 它们都是软件包的概念。工程项目管理软件本质上是一个计划管理软件, 它绘制 BANT 计划的 (数据) 来自业主提供的设计图纸, 故与设计的关系不密切。

(2) 第 3 栏: 在 BIM 前生命周期产生的各种类型的软件称为 BIM 建设项目设计软件, 这是一个软件包, 实现建设项目的全面设计和建立 BIM 数据库是其基本任务。BIM 模拟图形设计软件 | BIM 核心建模软件是 BIM 建设项目设计软件的核心软件, 3D 核心建模软件和 DT 核心建模软件是其具体的两种表达方式。

(3) 第 4 栏和第 5 栏: 在 BIM 中生命周期产生的各种类型的软件称为 BIM 建造

管理软件, 这也是一个软件包, 建立 BIM 中生命周期子系统和 BIM 数据库的联系以及实现建设项目建造的计划管理是其基本任务。BIM 项目管理软件是 BIM 建造管理软件的核心软件, 而 BIM 管理计划软件则是 BIM 项目管理软件的内核。BIM 管理计划基本数据和 BIM 新生数据均取自 BIM 数据库。

表 4.3.1 BIM 软件与工程项目管理软件的比较

	比较内容	BIM 软件	工程项目管理软件
1	所属范畴	BIM 工程项目管理	一般工程项目管理
2	软件特性	本质上是指 BIM 设计软件和 BIM 建造管理软件	建设项目生命周期全过程的一般管理软件
3	设计阶段软件	3D 和 DT 核心建模软件	没有形成独立的 BIM 核心建模软件
4	建造阶段软件	BIM 建造管理软件	BANT 项目管理软件
5	绘制计划及其基本数据来源	能够绘制 BIM 管理计划, 其基本数据从 BIM 数据库读取	能够绘制 BANT 计划, 其基本数据通过相关计算获得
6	运营阶段软件	BIM 物业运营软件	一般物业管理软件

BANT 项目管理软件是工程项目管理在施工阶段的核心软件, 而 BANT 计划技术软件则是 BANT 项目管理软件的内核。BANT 计划技术软件需要获取的数据与 BIM 数据库不相干。

4.4 结语

本章介绍了 BIM 软件的定义和分类, 并宏观地介绍了 BIM 建设工程设计软件的开发理念。

参考文献

[1] 任世贤. 论 BIM 核心建模软件的开发//工程管理年刊 2018 (总第 8 卷). 北京: 中国建筑工业出版社, 2018: 52-60.

[2] 任世贤. 论 BIM 数据库的开发//中国建筑学会工程管理研究分会《工程管理年刊》编委会. 工程管理年刊 2017 (总第 7 卷). 北京: 中国建筑工业出版社, 2017: 132-139.

第 5 章   BIM 设计软件

在建筑信息模型 (BIM) 前生命周期产生的各种类型的软件称为 BIM 建设项目设计软件/BIM 设计软件, 这是一个软件包, BIM 设计软件由 BIM 模拟图形设计软件 | BIM 核心建模软件、BIM 设计核查软件、BIM 数据库软件和 BIM-WBS 软件 (参见 5.2.2.1 节) 组成。BIM 模拟图形设计软件是 BIM 建设项目设计软件的核心软件。

5.1   BIM 模拟图形设计软件

应用 BIM 模拟图形设计理论 (参见 3.4.1.1 节) 开发的软件称为 BIM 模拟图形设计软件 (3D 模拟图形设计软件、DT 模拟图形设计软件)。因此, BIM 核心建模软件可以划分为 3D 核心建模软件和 DT 核心建模软件; 前者获取数据的方式以 3D 获取方式为主, 后者获取数据的方式以 DT 获取方式为主。

5.1.1   建设项目的前期策划

BIM 工程项目管理面对建设项目的全过程。建设项目前期策划、设计、建造和运营的全过程称为 BIM 建设项目全生命周期/BIM 生命周期。前期策划阶段属于孕育生命周期。作者为孕育生命周期提供了建设项目前期策划的有效工具——BIM-WBS 软件。在 BIM 核心建模软件中, 应配置建设项目的前期策划功能。

本书中 BIM 生命周期是指建设项目设计、建造和运营的全过程。BIM 是一个时间信息系统, 在建筑工程符号学中定义为 BIM 系统, 并将它划分为 BIM 前、中、后生命周期子系统。BIM 系统遵循自身的运行规律, 而其各个子系统又具有自己的运行特性。

5.1.2   BIM 核心建模软件的基本功能

BIM 核心建模软件应具有下面几个基本功能。

(1) 绘制 BIM 模拟图形。图形是建筑信息模型的核心关键词。用 BIM 核心建模软件绘制的 BIM 前生命周期子系统的建设项目图形, 称为 BIM 前生命周期的建设项目图形, 简称 BIM 模拟图形。绘制 BIM 模拟图形是 BIM 模拟图形设计软件的首要任务。

(2) 获取 BIM 模拟图形数据。数据是建筑信息模型的又一个核心关键词。建筑工程符号学认为, 建设项目的图形与建设项目的数据之间存在对应联系。BIM 核心建模软件应能够获取 BIM 模拟图形对应的数据, 建立 BIM 模拟图形和 BIM 模拟图形数据之间的对应联系。

(3) 产生的数据自动录入 BIM 数据库。创建 BIM 数据库是 BIM 核心建模软件的主要任务。在 BIM 核心建模软件的运行中, 各个工种在设计中产生的数据均应自动录入 BIM 数据库。

(4) 协调相关设计工种。一个建设项目的设计会涉及若干工种。因此, BIM 核心建模软件应协调相关的设计工种, 确保各个工种之间设计的相容性。

(5) 确保信息共享。一个建设项目的设计会涉及业主、施工、物业等参与方, 应当让各个参与方可以信息共享。因此, BIM 核心建模软件应在各个参与方之间建立应用数据的互动的协定, 确保各参与方能够信息共享。

(6) BIM 协同优化功能。在 BIM 图形耦合模型的基础上建立实体和图元之间的对应联系的模型就是 BIM 参数化模型。实现了 BIM 参数化设计的 BIM 图形耦合模型就是 BIM 图形设计模型, BIM 图形设计模型具有再现 BIM 模拟图形的功能; 同时, 在 BIM 前模型中修改任何一个设计数据, 相关元素和相关设计工种的相关设计数据也会随之改变, 从而赋予 BIM 图形设计模型以优化特色, 称为 BIM 协同优化功能。BIM 核心建模软件应具有 BIM 协同优化功能。

5.1.3　BIM 核心建模软件开发的 4 个理论节点

BIM 模拟图形设计、BIM 图形耦合模型、BIM 参数化模型和 BIM 图形设计模型是 BIM 核心建模软件开发的 4 个理论节点/BIM 4 个理论节点。如何把握这 BIM 4 个理论节点呢? 作者认为应从这 BIM 4 个理论节点的关系上入手。

(1) 首先应认识到, BIM 模拟图形设计软件是 BIM 建设项目设计软件的核心软件, 而 BIM 模拟图形设计理论 | BIM 核心建模理论是其理论支撑。

(2) BIM 模拟图形和 BIM 模拟图形数据之间存在对应联系, 建立了此对应关系遂可认为 BIM 模拟图形设计建立 BIM 图形耦合模型。这是 BIM 模拟图形设计的第一个目标, 它为后面的设计目标奠定了坚实的基础。

(3) 实体 (构件) 是关于图形 (线、几何图形及其集合) 的概念, 图元是关于图形数据 (数字、数字集合) 的概念, 二者之间存在对应联系。在 BIM 前耦合模型的基础上, 如果实现了实体和图元之间的对应联系, 则可以认为建立了 BIM 参数化模型。在 BIM 参数化模型中修改参数化模型的任何一个设计数据, 相关元素和相关设计工种的相关设计数据也会随之改变, 这就是协同优化特性, 此特性为实现 BIM 生命周期管理的规范化和精细化奠定了坚实的理论基础。

(4) 实现了 BIM 参数化设计的 BIM 图形耦合模型就是 BIM 图形设计模型。BIM 图形设计模型具有再现建设项目虚拟图形的功能, 同时 BIM 图形设计模型还具有协同性、相容性、协同优化性。协同优化特性对于建设项目的优化具有重要意义。BIM 图形设计模型是 BIM 模拟图形设计的最终设计目标。

5.1.4 BIM 模拟图形设计软件的分类

按照获取数据的方式可以将 BIM 模拟图形设计软件划分为 3D 模拟图形设计软件和 DT 模拟图形设计软件; 3D 获取方式是前者获取数据的方式, DT 获取方式是后者获取数据的方式。

3D 模拟图形设计软件是按照 3D 模拟图形设计理念开发的, 它适用于标准化的建筑工程和小土木建设项目; DT 模拟图形设计软件是按照 DT 模拟图形设计理念开发的, 它适用于非标准化的建筑工程和大土木建设项目。

3D 模拟图形设计软件和 DT 模拟图形设计软件都是实现了 BIM 图形设计模型的软件。

5.1.5 自动生成 BIM 资源档案功能

在 3D 模拟图形设计和 DT 模拟图形设计中应建立建设项目的资源档案, 称为 BIM 资源档案。BIM 模拟图形设计软件应具有自动生成 BIM 资源档案的功能。自动生成 BIM 资源档案的功能应按照 BIM 核心建模理论进行开发, 具体应体现为以下 3 个方面。

(1) 自动生成 BIM 数字资源卡。BIM 数字资源卡反映的是建设项目的新型建筑材料数字化清单, BIM 模拟图形设计软件应具有数字资源注册功能。

(2) 自动生成 BIM 资源统计表。自动生成建设项目的各类材料表、各类门窗表、各类构件表以及各种资源综合表格。

(3) 实现数字资源设计功能。为建筑材料商提供异形建筑构件的数字化设计, 再由建筑材料商按照设计制作后交付使用, 这就是 BIM 模拟图形设计软件的数字资源设计功能。

5.1.6 BIM 核心建模软件的开发规定

BIM 模拟图形设计软件和 BIM 管理计划软件是建设项目设计阶段和建造阶段的主要软件, 它们是 BIM 软件的核心软件。建设项目的设计和建造是 BIM 前、中生命周期子系统的主要内容, BIM 软件开发制式揭示了二者之间的内在联系, BIM 数据库是其联系的枢纽; 二者之间具有相容性。

BIM 工程项目管理理论和方法软件的开发应遵循 BIM 软件开发制式, BIM 数据库是解决 BIM 模拟图形数据和 BIM 管理计划数据之间相容性的桥梁; 将建设项目的 BIM 前生命周期子系统和 BIM 中生命周期子系统联系起来, 这是 BIM 软件开发制式的基本理念。

5.2 BIM 数据库的开发

BIM 数据库是联系 BIM 生命周期各个子系统的枢纽。BIM 数据库的开发应贯彻这样的理念: 实现 BIM 模拟图形模型和 BIM 模拟图形数据模型之间的同一性, 这是建立 BIM 数据库最主要的途径, 产生的数据应自动录入 BIM 数据库; BIM 数据库应具有共享性, 当修改 BIM 数据库中的某一数据时, 同一元素和各个相关工种的相关数据都应实时发生改变; BIM 数据库应具有通用性。

另外, 不仅应允许读取 BIM 数据库的相关数据, 还应允许调用 BIM-WBS 结构。因此, 建设项目的编码应当考虑两个方面的问题: 第一, 建设项目的元素必须通过 BIM 数据库实现编码, 因为它是在 BIM 生命周期中建设项目的各个参与方都要应用的工具; 第二, 在 BIM 中生命周期子系统运行的过程中产生的数据应可以录入 BIM 数据库, 故必须考虑 BIM 前生命周期子系统和 BIM 中生命周期子系统数据的相容性。

5.2.1　P3-WBS 方法

1. P3-WBS 编码结构和 BANT-WBS 编码结构

WBS 编码由两个部分组成: 一是对建设项目工作的分解结果, 称为 WBS 结构, 这是将工作分解结构简称 WBS 结构的理论依据; 二是对 WBS 结构的编码结果, 称为 WBS 编码。项目管理软件利用 WBS 结构和 WBS 编码表达项目计划系统与子项目计划系统之间联系的手段称为 WBS 方法。在项目管理软件中应用 WBS 方法将建设项目分解为 WBS 结构并进行 WBS 编码的组织与管理模式称为 WBS 编码结构, 简称编码结构。

(1) P3-WBS 编码结构。美国 P3 软件应用 WBS 结构将建设项目表达为元素组与子元素组并对之编码, 称为 P3-WBS 方法。在美国 P3 软件中, 应用 P3-WBS 方法将建设项目分解为元素组与子元素组并对其编码以实现建设项目的管理, 称为 P3-WBS 编码结构。在 P3-WBS 编码结构中, WBS 结构和 WBS 方法分别表示为 P3-WBS 编码和 P3-WBS 方法。

用 P3-WBS 编码结构可以实现不同层次元素组的组织和管理。例如, 文献 [1] 介绍了三峡工程的 P3-WBS 编码结构: A 三峡工程; A.1 准备工程; A.2 导流工程; A.3 大坝工程; A.4 电站工程; A.5 航建工程; A.6 移民工程。

(2) BANT-WBS 编码结构。BANT 层次结构具有将建设项目分解为计划系统与子计划系统的功能, 并且揭示了二者之间的层次结构特性 (参见图 5.2.1)。BANT 项目管理软件应用 BANT 层次结构将建设项目表达为项目计划系统与子项目计划系统并对之编码, 称为 BANT-WBS 方法。在 BANT 项目管理软件中, 应用 BANT-WBS 方法将建设项目分解为 BANT 层次结构, 并对之编码以实现项目计划系统与子项目计划系统的管理, 称为 BANT-WBS 编码结构。在 BANT-WBS 编码结构中, WBS 结构和 WBS 方法分别表示为 BANT-WBS 结构和 BANT-WBS 方法。

2. P3-WBS 编码结构和 BANT-WBS 编码结构的比较

表 5.2.1 比较了 P3-WBS 编码结构和 BANT-WBS 编码结构的不同。

表 5.2.1 表明, 单代号项目管理软件关于项目计划系统与子项目计划系统之间的联系仅仅是人为建立的一般层次的概念 (参见 3.2.2.2 节提到的层次结构特性的实例), 因此, P3-WBS 方法是非计划系统结构方法, P3-WBS 编码结构是非计划系统结构。BANT 层次结构具有将建设项目分解为计划系统与子计划系统的功能, 并且建立了二

者之间的科学计算理论[2], 揭示了二者之间的层次结构特性; 因此, BANT-WBS 方法是计划系统结构方法, BANT-WBS 编码结构是计划系统结构。

表 5.2.1 BANT-WBS 编码结构和 P3-WBS 编码结构的比较

	比较内容	BANT-WBS 编码结构	P3-WBS 编码结构
1	计划系统与子计划系统的刻画深度	是在系统科学意义上对项目计划系统与子项目计划系统的结构性描述	仅是计算机编码意义上对元素组与子元素组的非结构性描述
2	上下层计划系统与子计划系统之间的联系	通过嵌套单元结构实现项目计划系统与子项目计划系统的结构性联系	通过编码的方式建立上下层元素组之间的联系, 这是一种非结构性联系
3	子计划系统的编码	项目子计划系统与其编码具有对应关系	元素组与其编码具有对应的关系
4	自动生成功能	AHP 嵌套结构及其编码均由计算机自动生成	依据 "WBS 分解结构窗口" 人工录入生成
5	能否获得项目管理软件的基本功能	BANT 项目管理软件可以获得可视化功能、动态性功能和相容辨识功能 (定性相容辨识功能、定量相容辨识功能和嵌套相容辨识功能)	美国 P3 软件的开发不能获得项目管理软件的基本功能

3. P3-WBS 方法不能作为 BIM 数据库开发的引擎

表 5.2.1 表明, 单代号项目管理软件 (例如美国 P3 软件) 仅仅是人为建立了项目计划系统与子项目计划系统之间一般的层次联系, 没有建立项目计划系统与子项目计划系统的科学计算理论, 这是导致 P3-WBS 编码结构不具有可视化功能、动态性功能和相容辨识功能的理论原因。

3D 模拟图形设计的数据界定了建设工程设计阶段的建设项目图形, 这就是 BIM 模拟图形, 例如, 建设项目的平立剖图形和各种加工件以及绘制预制构件等的图形; BIM 管理计划数据界定了建设工程建造阶段的 BIM 管理计划的建设项目图形, 这就是 BIM 管理计划。BIM 模拟图形和 BIM 管理计划具有内在的相容性, 二者统称为 BIM 图形。

迄今为止, 横道图, 单、双代号网络计划和结构符号网络计划即 BANT 计划是定型的计划类型。横道图没有关于系统结构的分解功能, 也没有计算功能, 故不能作为建设项目结构的分解工具。由于单、双代号网络计划存在系统结构不相容的错误, 所以都不能用来作为 BIM 建设项目的图形——这就是说, 不能用 P3-WBS 结构对建设项目系统结构进行分解。BIM 技术是在大数据的背景下发展起来的, 但由于传统网络计划存在系统结构不相容的错误, 从而丧失了大量计划时间[3], 表 5.2.2 证明了此结论。

对表 5.2.2 做两点说明: 第一点, 结构符号网络计划理论/网络计划理论将完工时差 AFF_i、开工时差 BFF_i 和总完工时差 ATF_i、总开工时差 BTF_i 统称为应用时差。第二点, 网络计划时差与网络计划的时间之间具有密切的内在联系; BANT 网络计划的基本时间适用于肯定型和非肯定型各种计划类型, 例如搭接网络计划; 传统网络计划基本时间 (简单时间) 仅适用于简单网络计划。

表 5.2.2 BANT 网络计划与传统网络计划基本时间的比较

	时间参数名称	BANT 算法的数学表达式	CPM 算法的数学表达式
1	最早时态参数	$ES_j = \max\{EF_i\}$ 和 $EF_i = ES_i + D_i$	$ES_j = \max\{EF_i\}$ 和 $EF_i = ES_i + D_i$
2	最迟时态参数	$LS_i^0 = ES_i + BFF_i$ 和 $LF_i^0 = EF_i + AFF_i$	无
3	自由时差	$FF_i = ES_j - EF_i$	$FF_i = ES_j - EF_i$
4	逻辑约束时间	$DF_{(i,k)} = ES_k - LF_i^0$	无
5	系统时差参数	$SF_i = \min\{\Sigma DF_{(i,k)} + \Sigma AFF_i\}$	无
6	总时差	$TF_i = FF_i + SF_i$	$TF_i = LS_i - ES_i$ 或 $TF_i = LF_i - EF_i$
7	完工和开工时差	$AFF_i = BFF_i = FF_i$	无
8	总完工和总开工时差	$ATF_i = TF$ 和 $BTF_i = \min\{ATF_i\}$	无
9	最迟必须时态参数	$LF_i = EF_i + ATF_i$ 和 $LS_i = ES_i + BTF_i$	$LF_i = \min\{LF_j - D_j\}$ 和 $LS_i = LF_i - D_i$
10	节点最早和最迟时间	$ET_j = ES_j$ 和 $LT_j^0 = LF_i^0$	$ET_j = ES_j$，没有 $LT_j^0 = LF_i^0$
11	节点最迟必须时间	$LT_j = LF_j^0 + SF_i$	无

在网络计划理论中, 将元素可以应用的机动时间及其应用方式称为网络时差, 由此出发建立了 BANT 网络计划的时差理论。网络时差理论深刻地反映了网络算法的内在联系, 揭示了网络系统从初始运行状态向临界运行状态转化的内在规律; 深刻地揭示了网络计划曲线的本质, 即在网络计划曲线中, 元素的总时差一般不为零的曲线称为初始网络计划曲线; 元素的总时差都为零的曲线称为临界网络计划曲线。网络时差理论指出, 自由时差和计划系统时差是网络系统的两个元机动时间; 深刻地揭示了网络时差的本质, 即元素 i 可以应用的机动时间及其应用方式就是网络时差, 元素 i 是时差应用的主体; 还深刻地揭示了自由时差和总时差的优化特性, 并指出应用之不会改变网络计划的工期。结构符号网络理论指出, 网络时差理论是网络系统机动时间利用的方法体系, 在实际应用中表现为网络计划的一种优化理论和控制工具。

在 BIM 模拟图形设计中应生成 BIM 数据库, 而建设项目的编码是与之直接相关的问题。建设项目编码应当考虑这样两个方面的问题: 第一, 建设项目的元素必须通过 BIM 数据库实现编码, 因为它是在 BIM 生命周期中建设项目的各个参与方都要应用的工具; 第二, 必须考虑 BIM 前生命周期子系统和 BIM 中生命周期子系统的相容性。依据表 5.2.1 和表 5.2.2 可以得出结论: P3–WBS 方法是非计划系统结构方法, P3–WBS 编码结构是非计划系统结构; 另外, 横道图不能作为建设项目结构的分解工具, 也不能用 P3–WBS 结构对建设项目系统结构进行分解, 故 P3–WBS 方法不能满足本文指出的建设项目编码应当考虑的两个方面的问题。因此, P3–WBS 方法不能够作为 BIM 数据库开发的引擎[4]。

5.2.2 BIM–WBS 方法

结构符号网络计划技术的研究成果指出, 工作分解结构是结构符号网络计划 (BANT 计划) 的一种系统层次结构, 称为结构符号网络计划的 AHP 嵌套系统层次结构/BANT 计划层次结构[2]。图 5.2.1 和图 5.2.2 表明, BANT 计划层次结构是具有上下支配关系的递阶层次结构: 总项目处于 BANT 计划的顶层, 上层子项目包含了下层子项目及其相关的全部嵌套单元结构, 下层子项目不包含上层子项目及其相关的嵌套单元结构。

将 BANT 计划层次结构引入建筑信息模型后, 称为 BIM-BANT 计划层次结构 | BIM 管理计划层次结构。

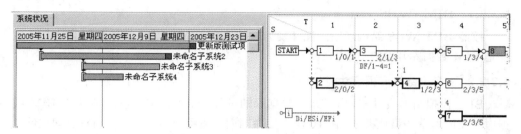

图 5.2.1 应用 BANT–BCWP 1.0 软件绘制的 BIM 管理计划层次结构之一

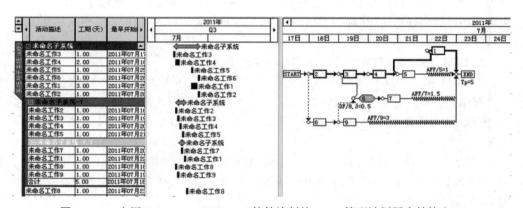

图 5.2.2 应用 BANT–BCWP 1.0 软件绘制的 BIM 管理计划层次结构之二

工作分解结构是 BIM 数据库开发的引擎——这是目前关于 BIM 研究的结论。

在 BIM-WBS 软件中, BIM 管理计划系统层次结构体现为建设项目工作分解结构的模式即 BIM-WBS 结构。BIM 模拟图形设计是一个设计概念, 也是一个与 BIM 数据库直接相关的概念; BIM 管理计划是新的管理行为, BIM 数据库是其运行的支撑。BIM-WBS 结构揭示了项目计划系统与子项目计划系统之间的层次结构规律。应用 BIM-WBS 结构将建设项目表达为项目计划系统与子项目计划系统; 并对之编码和管理, 称为 BIM-WBS 方法; 对 BIM-WBS 结构的编码称为 BIM-BANT-WBS 编码结构/BIM-WBS 编码结构。

BIM-WBS 结构是建立 BIM 模拟图形设计和 BIM 管理计划之间内在联系的正确途径: 在建设工程设计阶段, 应用 BIM-WBS 软件细化建设项目的 BIM-WBS 结构, 并通过其把 BIM 模拟图形设计与 BIM 数据库联系起来; 在建设工程建造阶段, 应解决好从 BIM 数据库获取所需计划数据和调用相关 BIM-WBS 结构的问题。

在 BIM 模拟图形设计中, BIM-WBS 软件是 BIM 数据库编码的最佳工具, 从这个意义上讲, BIM-WBS 方法是 BIM 数据库开发的引擎。

BANT 层次结构揭示了项目系统与子项目系统之间的层次结构规律, 故 BANT–WBS 方法是项目系统结构方法, BANT–WBS 编码是项目系统的编码结构, 将 BANT 层次结构引入建筑信息模型, 称为 BIM 管理计划系统层次结构。BIM 管理计划系统层次结构就是建设项目工作分解结构的模式, 称为 BIM–BANT–WBS 工作分解结构/BIM–WBS 结构。

5.2.2.1 BIM–WBS 软件

按照 BIM–WBS 结构理论内涵开发的软件称为 BIM–WBS 软件。BIM–WBS 软件是 BIM 数据库开发的引擎的最佳工具。

5.2.2.2 BIM 数据库枢纽功能

BIM 模拟图形设计是建立 BIM 数据库的过程, 同时 BIM–WBS 方法是 BIM 数据库开发的引擎的最佳模式; 在 BIM 中生命周期子系统运行中, BIM 项目管理软件通过 BIM 数据库读取相关数据和提取 BIM 数据库结构编码, 实现建筑工程建造阶段的管理。因此, BIM 数据库的设计必须考虑 BIM 前、中生命周期子系统的内在联系, 并实现其相容性和联系功能, 称为 BIM 数据库的枢纽功能。BIM 数据库的枢纽功能的开发具体表现在以下两个方面。

1. BIM 工程项目管理数据应能够自动录入 BIM 数据库

在 BIM 前、中生命周期子系统运行的过程中会产生庞大的数据, 对这些数据组织、存储和管理的方式称为 BIM 数据库。BIM 模拟图形设计是建立 BIM 数据库的过程, 实现 BIM 模拟图形和 BIM 模拟图形数据之间的同一性是建立 BIM 数据库最主要的途径。

BIM 模拟图形数据是在 BIM 前生命周期中产生的数据, 即 BIM 前图形数据。BIM 管理计划数据和 BIM 赢得值曲线数据是在 BIM 中生命周期中产生的数据即 BIM 建造图形数据。

BIM 生命周期存在自洽性, 这就是 BIM 相容性。BIM 模拟图形模型与 BIM 管理计划模型都是描述建设项目的方法; 前者是从 BIM 图形逻辑的角度, 后者是从 BIM 建造计划逻辑的角度, 故 BIM 前数据和 BIM 中数据之间具有相容性。BIM 前图形数据和 BIM 建造图形数据是在 BIM 前、中生命周期子系统运行过程中产生的数据, 统称为 BIM 工程项目管理数据。

BIM 工程项目管理数据应能够自动录入 BIM 数据库。

2. 应自动读取建设项目的计划数据和提取相关的 BIM–WBS 结构编码

BIM 数据库由两个部分组成: 一是 BIM 数据库结构, 二是 BIM 数据库结构编码。在建设项目设计阶段, 应首先用 BIM–WBS 软件细化建设项目的层次结构, 并通过 BIM–WBS 结构编码把 BIM 模拟图形设计与 BIM 数据库联系起来; 在建筑工程建造阶段, 应解决好用 BIM 项目管理软件从 BIM 数据库读取所需计划数据和调用相关 WBS 结构编码的问题。

从 BIM 数据库读取的几何数据进入 BIM 管理计划软件并运行后, 会产生新的数据即 BIM 新生数据。3D 模拟图形数据界定 3D 图。调用 BIM 数据库的相关数据生成 BIM 管理计划是 BIM 管理计划软件开发的目标; 其中, 自动生成 3D 图功能的开发具有重要的意义, 其成功验证了 BIM 模拟图形与 BIM 管理计划之间的相容性。

在建筑工程建造阶段, 应可以从 BIM 数据库中调用建设项目的相关 WBS 结构编码进入编制的 BIM 管理计划中, 这具有理论意义和实用价值。

5.3　BIM 设计核查软件

在建设工程设计阶段, 实现 BIM 模拟图形设计的协同性检查是一种特定功能, 具有该功能的软件称为 BIM 模拟图形设计质量核查软件/BIM 设计核查软件, 本节仅以 3D 模拟图形设计质量核查软件/3D 设计核查软件为例。3D 设计核查软件是 3D 模拟图形设计软件在质量方面的配置软件, 它包括 3D 协同设计核查软件 | 3D 设计碰撞软件和 3D 生态设计核查软件。

5.3.1　3D 设计碰撞软件

建设项目设计是多工种协同设计的过程。实现建设项目 3D 模拟图形设计元素和各个工种之间的相容性检查是一种特定功能, 具有这种功能的软件就是 3D 设计碰撞软件。

在建设项目施工之前, 利用 3D 设计碰撞软件可以对设计的相容性问题进行协同性核查。例如, 3D 设计碰撞软件能够对建设项目及其各专业设计之间存在的不相容性问题进行协同性核查, 并能够自动生成 3D 设计碰撞核查图和 3D 设计碰撞核查报告, 防患于未然。

5.3.2　3D 生态设计核查软件

绿色、生态、节能、可持续发展是建设项目应贯彻的设计理念——绿色建筑设计。实现绿色建筑设计协同性检查是一种特定功能, 具有这种功能者就是 3D 生态核查软件。

3D 设计核查软件是 3D 模拟图形设计软件质量配置软件。

5.3.3　BIM 模拟图形设计软件配置软件的通用性

建设项目的设计具有唯一性, 在一百个建设项目的设计中不会有两个是相同的, 可谓千人千面。那么, 有没有能够通用于整个工程建设领域的 BIM 模拟图形设计软件的配置软件呢?

3D 设计碰撞软件主要定位于结构节点的核查。因为同一个建设项目的结构节点是不相同的, 不同的建设项目的结构节点也是不相同的, 所以没有能够通用于整个工程建设领域的 3D 设计碰撞软件。

绿色建筑设计是一个重要的理念, 于是作者提出了 3D 生态设计核查软件的概念。因为绿色建筑设计的理念适用于整个工程项目领域, 所以绿色建筑设计具有建设项目应当共同遵循的 (理念) 指标, 这样的指标是可以用文字准确表达的。从这个意义上讲,

3D 生态设计核查软件是一个可以 (在调整相关专业术语后) 通用于整个工程建设领域的质量核查软件。

5.4 结语

(1) BIM 软件应通过 BIM 数据库将建设项目的前生命周期子系统和中生命周期子系统联系起来, 用统一的数据源规范各种信息, 协同其相容性; BIM 数据库和 BIM 图形设计模型是 BIM 模拟图形设计应实现的两个目标, 在 BIM 模拟图形设计中产生的数据应自动录入 BIM 数据库, 而 BIM 图形设计模型应再现建设项目虚拟图形; BIM 管理计划软件不仅要能从 BIM 数据库中读取建设项目的相关数据和生成 BIM 新生数据, 还要能直接提取其 BIM–WBS 编码结构用于建设项目的建造管理; BIM 软件应是一个和谐的整体设计。

(2) 本章首先宏观地介绍了 BIM 模拟图形设计软件的开发理念。在指出 BIM–WBS 方法是 BIM 数据库开发的引擎的前提下, 具体介绍了 BIM 图形、BIM 模拟图形和 BIM 管理计划及其图形化; 介绍了 BIM 图形数据、BIM 模拟图形数据和 BIM 管理计划数据及其数据化, 阐释了其二者之间的对应联系。

此外, 还介绍了 3 种类型的 WBS 编码结构: P3-WBS 编码结构、BANT–WBS 编码结构和 BIM–WBS 编码结构。请读者认真思考这样几个问题: 第一, BANT–WBS 编码结构和 BIM–WBS 编码结构的内在联系; 第二, P3-WBS 编码结构为什么不能作为 BIM 数据库的 WBS 编码结构; 第三, BANT–WBS 编码结构为什么是 BIM 数据库唯一正确的 WBS 编码结构。

(3) 建立 BIM 数据库是 BIM 模拟图形设计软件的主要任务, 而实现 BIM 模拟图形和 BIM 模拟图形数据之间的对应联系, 是实现此任务的必经途径。BIM 数据库编码是 BIM 数据库开发的关键, 而 BIM–WBS 软件则是 BIM 数据库编码的有效工具。

(4) 建立了 3D 模拟图形和 3D 模拟图形数据及 DT 模拟图形和 DT 模拟图形数据之间的对应联系, 遂建立了 BIM 模拟图形和 BIM 模拟图形数据之间的对应联系, 遂可认为 BIM 模拟图形设计建立了建设项目的结构模型, 称为 BIM 图形耦合模型。实现了 BIM 参数化设计的 BIM 图形耦合模型就是 BIM 图形设计模型。BIM 图形设计模型具有再现 BIM 模拟图形的功能。

(5) 3D 设计碰撞软件和 3D 生态设计核查软件是 3D 模拟图形设计的质量核查软件, 前者不具有通用性, 后者具有通用性。

参考文献

[1] 周厚贵. Primavera 软件包在三峡工程建设中的应用. 项目管理技术, 2003(2): 49-52.

[2] 任世贤. 项目管理软件 AHP 嵌套–网络结构及其特性与功能的研究. 自然科学进展, 2008, 18(6): 686-693.

[3] 任世贤. 工程统筹技术. 北京: 高等教育出版社, 2016: 70-71.

[4] 任世贤. 论 BIM 数据库的开发//工程管理年刊 2017(总第 7 卷). 北京: 中国建筑工业出版社, 2017: 132-139.

第 6 章 BIM 建造管理软件

BIM 建设项目建造管理软件/BIM 建造管理软件是建设项目 BIM 中生命周期子系统的管理软件, 这是一个软件包, 建立 BIM 中生命周期子系统和 BIM 数据库的联系以及实现建设项目建造全方位的管理是其基本任务。BIM 建造管理软件由 BIM 管理计划软件、BIM 项目管理软件、BIM 人文性软件 (例如 BIM 实名制软件、BIM 视频软件) 和 BIM 建造核查软件 (4D 施工组织设计核查软件、4D 竣工资料核查软件) 组成。BIM 项目管理软件是 BIM 建造管理软件的核心软件, 而 BIM 管理计划软件是其内核。

6.1 BIM 管理计划软件

6.1.1 BIM 管理计划

网络计划理论和结构符号逻辑是作者提出的网络计划技术的应用基础理论和基础理论, 结构符号网络计划 (或 BANT 计划) 的成功设计是二者实际应用的产物, 而 BANT 网络计划技术软件 (或 BANT 计划软件) 的成功开发则证明了其正确性。此研究获得了国家自然科学基金 3 个立项资助, 已经出版了两本专著[1,2], BANT 计划软件还获得了 3 个软件著作权, 这些表明该研究具有国际自主知识产权, 标志着中国已经掌握了世界网络计划技术和项目管理软件开发的核心技术[3]。

网络计划是具有确定输入、确定输出和具有确定内态的以计划结构符号作为信息载体的封闭系统, 这是一个时间系统。将 BANT 计划引入 BIM 后表示为 BIM–BANT 计划, 并辅以 3D 图 (参见 2.2.2 节), 称为 BIM 管理计划 (见图 6.1.1)。BIM 管理计划除了具有自身的结构与特性 (例如层次结构和时标计划) 外, 还吸收了 BIM 模拟计划 3D 图的优势。

BIM 管理计划具有层次结构, 层次结构特性具体表现为: 用元素矢 "$\circ\!-\!\boxed{i}\!\xrightarrow{D_i}$" 和虚矢 "$\circ\!-\!-\!-\!-\!\rightarrow$" 绘制的称为 BIM 基本管理计划, 在 BIM 基本管理计划的基础上每增加一种新的结构符号就增加了一种新的 BIM 管理计划, 例如增加了搭接链 "$\circ\!\!-\!\!-\!\!-\!\!-\!\!\circ$" 的管理计划称为 BIM 搭接管理计划。在图 6.1.1 中所示的 BIM 管理计划除了具有基本管理计划外, 还具有 BIM 搭接计划以及 BIM 流水管理计划, 这样的计划称为 BIM 综合管理计划。图 6.1.1 描述了该计划 BIM 节点 24 的计划系统实时运行状态; 图上方的 3D 图描述了在 BIM 节点 24 所示时刻完成的形象进度。

通常说的 4D 计划就是 BIM 基本管理计划 | 4D 进度计划, 而 5D 计划就是在 4D 进度计划基础上增加了成本的各种计划类型的 BIM 管理计划。例如, 5D 成本计划和

5D 搭接成本计划; 前者是增加了成本的 BIM 基本管理计划, 后者则是增加了成本的 BIM 搭接管理计划。

BIM 管理计划不存在系统结构不相容的错误, 除了具有自身的结构与特性 (例如层次结构和时标计划) 外, 还吸收了 BIM 模拟计划 3D 图的优势, 是对横道计划、传统网络计划和 BIM 模拟计划研究成果的综合创新成果。

BIM 管理计划基本数据界定了 BIM 管理计划的初始形态, BIM 管理计划时间、实际施工发生的费用等是其产生的 BIM 新生数据; BIM 管理计划存在层次结构特性, 具有各种 BIM 管理计划类型是其物理意义; BIM 管理计划具有时标计划。从图 6.1.1 可以看出, BIM 管理计划除了具有自身的结构与特性外, 还吸收了 BIM 模拟计划 3D 图的优势, 因此能够准确地表达建设项目在任意时刻完成的形象进度。例如, 图 6.1.1 中的 3D 图表达了建设项目在时刻 6 的实际建造状态。

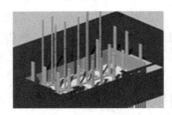

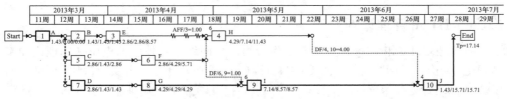

图 6.1.1 某建设项目 BIM 管理计划在时刻 6 的运行状态

图 6.1.2 中的横道计划是用 BIM 管理计划计算的时间定位的, 称为 3D 图–BIM 横道管理计划。这里要特别指出的是, 3D 图–BIM 横道管理计划与 3D 图–单代号横道计划具有本质的差异。前者是用 BIM 管理计划计算的时间定位的, BIM 管理计划没有

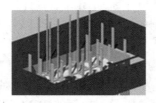

编号	工作名称	工期
Start	A	10
2	B	10
3	E	20
4	H	30
5	C	20
7	D	20
6	F	20
8	G	30
9	I	50
10	J	10

图 6.1.2 某建设项目 3D 图–BIM 横道管理计划在图 2.2.2 所示时刻 2 的运行状态

逆向计算程序, 其计算的计划时间正确且完整; 后者计划时间是由单代号计划计算的时间定位的, 单代号计划存在逆向计算程序, 其计算的计划时间不仅不正确, 而且丧失了大量的计划数据。

应当指出的是, 由于横道计划表达功能的缺陷, 从图 6.1.2 无法看出某建设项目的 3D 图–BIM 横道管理计划与图 2.2.2 所示时刻 2 对应的时刻 (或节点)。

3D 图–单代号横道模拟计划是依据单代号计划时间定位的。由于单代号横道模拟计划存在系统结构不相容的错误, 并且没有计算功能, 所以本书不予采用。

BIM 管理计划是 BANT 计划和 3D 图整合的产物, 它克服了 BIM 模拟计划的局限性, 能够准确形象地表达建设项目在任意时刻实际完成的工程状态是其鲜明的特点。

6.1.2 BIM 管理计划的表达工具

1. BIM 三维形象进度图

应用 3D 模拟图形数据可以再现 BIM 三维形象进度图 | 3D 图。

3D 图是 BIM 管理计划不可或缺的表达工具。BIM 管理计划的 3D 图是一个实体概念, 所以每一个 3D 图都蕴含 (或对应) 了一个特定的数据集合; 3D 图是一个时刻概念, 故 3D 图计划应实时反映建设项目的时刻特征。

3D 图应具有下面的特征和内涵:

(1) 时刻特征。BIM–3D 形象进度图描述建设项目在建造过程中任意时刻的形象进度, 因此 3D 图是一个时刻概念。MN3D 图和 GL3D 图都应反映其时刻特征 (见图 6.1.1 和图 6.1.2)。

(2) 实体特征。BIM 形象进度图描述建设项目在建造过程中的的实际形象进度, 因此 BIM–3D 图是一个建设项目实体的概念。因为建设项目实体是依据 BIM 数据库的相关数据再现的, 所以每一个 BIM 形象进度图都蕴含了一个特定的数据集合。

2. BIM 图解图

用 BIM 形象进度图和 BIM 坐标系标识符号 "o⁄————▶Time" 表达建设项目在任意时刻形象进度的方法, 称为 BIM 图解图。BIM 图解图是十分有用的定量分析工具, 它把 BIM 模拟计划和 BIM 管理计划的任意时刻与建设项目在该时刻完成的形象进度对应地联系起来, 使其动态过程可视化。BIM 图解图可以划分为 BIM 模拟计划图解图和 BIM 管理计划图解图。

(1) BIM 模拟计划图解图。在图 6.1.3 和图 6.1.4 中, 用 BIM 坐标系标识符号 "o⁄————▶Time" 标定建设项目 BIM 模拟计划实际形象进度的时刻, 描述 BIM 模拟计划的实时运行状态, 称为 BIM 模拟计划图解图。

(2) BIM 管理计划图解图。在图 6.1.5 中, 利用 BIM 坐标系标识符号标定建设项目 BIM 管理计划完成形象进度节点, 描述该计划的运行状态的方法, 称为 BIM 管理计划图解图。

3. BIM 工程管理曲线

用 BIM 管理计划软件可以绘制下面的肯定型和非肯定型各种计划类型的管理

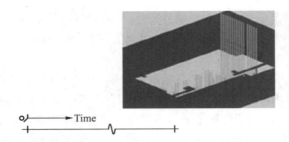

图 6.1.3 某建设项目 BIM 模拟计划在图 2.2.2 所示时刻 1 的图解图

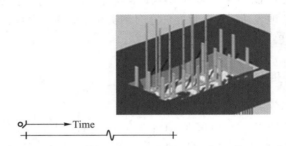

图 6.1.4 某建设项目 BIM 模拟计划在图 2.2.2 所示时刻 2 的图解图

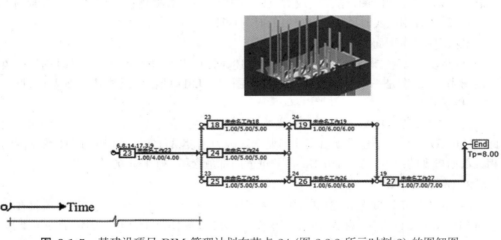

图 6.1.5 某建设项目 BIM 管理计划在节点 24 (图 2.2.2 所示时刻 2) 的图解图

曲线。

(1) BIM 管理计划曲线。用 BIM 管理计划软件绘制的各种肯定型和非肯定型管理各种计划, 通常称为 BIM 管理计划曲线。

(2) BIM 费用曲线。在 BIM 管理计划的基础上, 增加从 BIM 数据库读取的费用数据, 可以绘制各种肯定型和非肯定型 BIM 管理计划的费用计划, 通常称为 BIM 费用曲线。BIM 费用曲线又称为 5D 计划管理曲线。

(3) BIM 质量控制曲线。在 BIM 管理计划运行的过程中可以产生元素的质量控制数据, 称为 BIM 质量控制数据。BIM 质量控制数据属于 BIM 新增数据。在 BIM 管理计划的基础上, 利用 BIM 质量控制数据绘制各种肯定型和非肯定型 BIM 管理计划类型的质量控制曲线, 称为 BIM 质量控制曲线。

(4) BIM 赢得值曲线。挣值法 (earned value management, EVM) 的基本原理是用工作量 (费用) 来刻画工程的进度, 这是建设项目有效的监控指标和用费用和进度进行综合分析的方法, 这是一种能够全面衡量工程进度、成本状况的整体方法。EVM 作为一项先进的项目管理技术, 最初是美国国防部于 1967 年首次确立的, 目前已经为国际上普遍采用。挣值法又称为赢得值方法。

从 BIM 数据库读取的建设项目的计划预算费用称为 BIM 管理计划预算费用。依据 BIM 管理计划可以计算出项目实施过程中某阶段的计划预算费用、完成工作量的费用和实际发生的费用, 这些费用分别简称为 BIM-BCWS、BIM-BCWP 和 BIM-ACWP。于是, 在各种肯定型和非肯定型 BIM 管理计划类型的基础上, 就可以绘制如图 6.1.6 所示的 BIM 赢得值曲线。

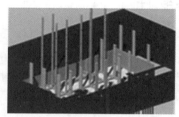

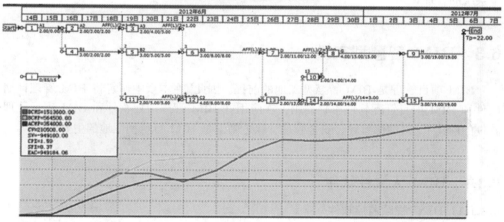

图 6.1.6 某建设项目 BIM 管理计划在节点 6 (图 2.2.2 所示时刻 2) 的 BIM 赢得值曲线的示意图

BIM 管理计划曲线、BIM 费用曲线、BIM 质量控制曲线和 BIM 赢得值曲线统称为 BIM 工程管理曲线。

BIM 管理计划辅以 3D 图的 BIM 管理计划称为 BIM 管理计划。应用 BIM 管理计划理论开发的软件称为 BIM 管理计划软件。因此, BANT 3.0 软件是 BIM 项目管理软件的技术支撑——BIM 项目管理软件是具有绘制 BANT 计划和 3D 图功能的计划软件。BIM 项目管理软件是 BIM 建造管理软件的核心软件, 而 BIM 管理计划软件则是 BIM 项目管理软件的内核。

BIM 管理计划软件开发的关键有两点: 第一点, 不仅要能够从 BIM 数据库中读取建设项目的相关数据并生成 BIM 新生数据, 而且还能够直接提取建设项目的 BIM–WBS 编码结构; 第二点, 能够正确绘制 3D 图 (参见图 2.2.5)。

在目前的 BIM 技术中, BIM 模拟计划软件是建设工程建造阶段的管理工具。BIM 模拟计划软件用纯粹的 BIM 模拟图形 (或 3D 图) 描述建设项目的计划进度, 存在很大的局限性。应当指出的是, 发达国家已经意识到传统项目管理软件存在的系统结构不相容的错误, 从而放弃了美国 P3 软件, 重新寻找新的计划工具——BIM 模拟计划软件是国外目前探索的方向。我国相关计划软件的开发还存在着很大的隐患, 主要表现为: 忽视单、双代号网络计划存在的系统结构不相容的错误, 而在这片已经生命枯竭的土地上刨荒, 企望能够保住昔日的辉煌, 这是一种错误和怠惰的开发心态。

6.2　BIM 项目管理软件

在 BIM 管理计划软件的基础上增加了费用、质量、工期等管理内容的软件称为 BIM 项目管理软件。BIM 管理计划是 BIM 项目管理软件的核心技术。BIM 项目管理软件不仅应能够从 BIM 数据库中读取建设项目的相关数据进而生成 BIM 新生数据, 而且还应能够直接提取建设项目的 BIM–WBS 编码结构, 直接用于 BIM 中生命周期子系统的管理。

6.3　BIM 智慧型工地

BIM 项目管理是 BIM 智慧型工地的前提。因此, 在本章中作者将 BIM 管理计划软件和 BIM 项目管理软件单独列出。在应用好 BIM 管理计划软件和 BIM 项目管理软件的前提下, 人性化管理、安全管理、绿色施工是 BIM 智慧型工地的主要内容。

6.3.1　BIM 人文性软件

6.3.1.1　BIM 视频监控软件

在建设项目的施工中, 需要对塔吊、升降机、起重设备的安全运行进行视频监控, 对现场的扬尘噪声进行视频监控, 当出现异常情况 (例如塔吊超限超载和受控区域扬尘噪声超标) 时, 相应的软件应能够实时报警, 同时可以提取相关数据进行分析, 这样的软件称为 BIM 视频监控软件。

6.3.1.2　BIM 实名制管理软件

建立施工现场工人和管理人员的健康档案、资质 (劳动合同和上岗证) 和技能安全培训档案等, 且可以随时查看, 并按照规定可以充实和完善相关的材料, 这种关于建设者的管理软件称为 BIM 实名管理软件。

本书将诸如 BIM 实名制软件和 BIM 视频软件这样的以人为本、关怀建设者的软件称为 BIM 人文性软件。

6.3.2　BIM 建造核查软件

在建设工程建造阶段, 实现建设项目的施工组织设计的协同性检查是一种特定功能, 具有该功能的软件称为 BIM 建造核查软件 | 4D 核查软件。4D 核查软件有两个: 4D 施工组织设计核查软件和 4D 竣工资料核查软件, 这是 BIM 建造管理软件的质量配置软件。

6.3.2.1　4D 施工组织设计核查软件

施工组织设计是一个以建设项目 BIM 管理计划为核心的现场施工组织与管理的整体设计, 称为 4D 施工组织设计。4D 施工组织设计与建设项目的 BIM 模拟图形设计 (例如 3D 模拟图形设计) 具有密切的内在联系。建设项目建造是多工种协同施工的过程, 在 BIM 中生命周期实现建设项目施工组织设计的协同性检查是一种特定功能, 具有该功能的软件就是 4D 施工组织设计核查软件。4D 施工组织设计核查软件是施工组织设计的质量核查软件, 核查施工组织设计的相容性和各个施工工种组织的协同性是其主要内容。

6.3.2.2　4D 竣工资料核查软件

建设项目的建造是多工种协同施工的过程。建设项目的竣工资料的管理反映了建设项目的管理水平和建设质量。建设项目竣工资料的管理主要有两个方面: 一是要求建设项目竣工资料分类应具有科学性和完整性; 二是建设项目竣工资料应实现数字化交付。

建设项目竣工资料的科学归档直接影响了建设工程运营阶段的管理。大型和特大型建设项目的竣工资料不仅数量庞大, 而且相当繁杂。实现对建设项目竣工资料的协同性检查也是一种特定功能, 具有这种功能者就是 4D 竣工资料核查软件。

建设项目竣工资料格式标准化和编码规范化是 4D 竣工资料核查软件开发的基础。

BIM 智慧型工地的建设应有度, 如果不切实际, 超过了企业的经营水平, 就失去了其意义, 这是作者用"智慧型工地"来限制"智慧工地"的依据。

6.4　BIM 建造管理软件的开发理念

BIM 建造理论指出: 第一, BIM 模拟图形与 BIM 管理计划以各自的方式独立存在, 互相不能代替, 二者之间存在相容性, 也就是说, BIM 前生命周期子系统与 BIM 中生命周期子系统之间存在内在的联系和相容性; 第二, BIM 建造管理软件开发本质上是一个关于网络计划技术软件开发的概念, 是一个关于 BIM 管理计划深化开发的问题[4]。

建立 BIM 中生命周期子系统与 BIM 数据库的联系, 实现 BIM 模拟图形数据和 BIM 管理计划数据之间的相容性, 以及实现建设项目建造全方位的管理是 BIM 项目管理软件基本任务。BIM 项目管理软件是 BIM 建造管理软件的核心软件, 而 BIM 管理计划软件是其内核。BIM 管理计划的层次结构特性具体表现为: 用元素矢和虚矢绘制的计划称为 BIM 基本管理计划; 在 BIM 基本管理计划的基础上每增加一种新的结构符号就增加了一种新的 BIM 管理计划类型, 例如, 增加了搭接链的管理计划称为 BIM

搭接管理计划 (参见图 2.2.5)。图 2.2.5 所示的 BIM 综合管理计划除了具有基本管理计划外, 还具有 BIM 搭接计划和 BIM 流水管理计划。

BIM 管理计划除了具有自身的结构与特性 (例如层次结构和时标计划) 外, 还吸收了 BIM 模拟计划 3D 图的优势。3D 图是一个时刻概念, 故 3D 图应实时反映建设项目的时刻特征; 3D 图是一个实体概念, 因为建设项目实体是依据 BIM 模拟图形数据再现的, 所以每一个 3D 图都蕴含 (或对应) 了一个特定的数据集合。

在 BIM 中生命周期子系统运行中, BIM 项目管理软件通过 BIM 数据库提取 BIM–WBS 编码结构和读取相关数据, 实现建设工程建造阶段的管理。

BIM 管理计划软件是技术管理型软件。

6.5 结语

(1) 用各种类型的横道图 (例如搭接横道图) 辅以 3D 图作为表达方式是 BIM 模拟计划的鲜明特点, 但它没有计算功能, 其 BIM 模拟计划时间是通过单代号计划计算的, 存在系统结构不相容的错误和计划时间丢失的缺陷; BIM 模拟计划不存在层次结构联系, 所以不能采用, 这是本书将单纯用 3D 图表达建设项目进度的方式定义为 BIM 模拟计划的理论依据。BIM 模拟计划没有计算功能, 其时刻值是人为确定的, 其曲线缺少时间的表达。

(2) BIM 管理计划是软件的表达手段。BIM 管理计划基本数据界定了 BIM 管理计划的初始形态。BIM 管理计划时间、施工实际发生的费用等是其产生的 BIM 新生数据。BIM 管理计划具有时标计划的表达方式, 该计划曲线除了具有自身的结构与特性外, 还吸收了 BIM 模拟计划 3D 图的优势。

(3) BIM 智慧型工地的建设应有度。这是作者用智慧型工地来限制 "智慧工地" 的根据。如果 BIM 智慧型工地的建设不切实际, 超过了企业的经营水平, 就失去了智慧工地管理的意义。

参考文献

[1] 任世贤. BANT 网络计划技术——没有逆向计算程序的网络计划技术. 长沙: 湖南科学技术出版社, 2003.

[2] 任世贤. 工程统筹技术. 北京: 高等教育出版社, 2016.

[3] 任世贤. 继承华罗庚先生的遗志——占领国际网络计划技术和项目管理软件的制高点//徐伟宣. 贴近人民的数学大师——华罗庚诞辰百年纪念文集. 北京: 科学出版社, 2010.

[4] 任世贤. 计划进度控制模型和建筑信息模型的比较//工程管理年刊 2016(总第 6 卷). 北京: 中国建筑工业出版社, 2016: 129-137.

第 7 章　BIM 企业信息平台

企业信息平台是一个系统集成软件的概念, 它的产生与企业级项目管理软件密切相关。

7.1　项目级项目管理和企业级项目管理及其软件

7.1.1　项目级项目管理和企业级项目管理

(1) 项目级项目管理。如果一个企业采用对单个项目进行管理的模式, 则称该企业实行的是项目级项目管理。采用项目级项目管理模式的企业通常称为项目型公司。事实上, 大多数公司的项目管理都是从项目级项目管理开始起步的。

(2) 企业级项目管理。如果一个企业采用对企业的所有项目进行协同管理的模式, 则称该企业实行的是企业级项目管理 (enterprise project management, EPM)。企业级项目管理的实行是企业管理进步的标志; 它标志着企业的管理从局部的、孤立的项目管理走向整体的、协同的项目管理, 标志着企业开始了全方位的项目管理, 或者说实现了企业的项目管理化。企业级项目管理要求将项目管理理念渗透到企业管理和流程控制的各个方面, 它从整个企业的组织程序、工作流程、项目和资源组合等方面对企业进行整体的战略规划。这样, 企业就具备了面对不断变化的市场需求而能够实时做出恰当决策的能力。

项目和运营是企业具有的两种运行类型, 临时性、独特性是前者具有的特征; 而后者则是一种持续和重复的工作, 例如, 生产型企业以及政府部门的工作就是一个 "运营" 的概念。EPM 的概念是基于项目型公司而提出来的, 是指对企业中诸多项目实施协同管理, 以实现企业层次总体战略目标的实现。企业级项目管理是关于运营的一种长期性组织管理方式。

项目级项目管理和企业级项目管理是两种不同的项目管理模式, 它们处于不同的项目管理层次上, 反映了不同的项目管理水平。项目级项目管理是对单个建设项目的管理, 项目承包是其本质, 这是初级的项目管理。企业级项目管理是对多个建设项目的管理, 可以充分利用企业的管理资源和物资资源, 用最小的成本获取最大的经济效益, 项目协同是其本质, 这是较高层次的项目管理。

结构符号网络计划理论/网络计划理论是项目管理的核心。

7.1.2 项目级项目管理软件和企业级项目管理软件

(1) 项目级项目管理软件。单个建设项目的项目管理是项目级项目管理软件的对象。例如, 美国 P3 软件和 BANT 软件都属于项目级项目管理软件。

(2) 企业级项目管理软件。多个建设项目的项目管理是企业级项目管理软件的对象。例如, P3E/C 和 P6 是典型的传统企业级项目项目管理软件。

网络计划技术软件是项目级项目管理软件和企业级项目管理软件的本质, 结构符号网络计划是其开发的支撑技术。

7.1.2.1 BANT 项目管理软件

1. 结构符号网络计划技术

网络计划技术是项目管理的核心内容。国内外单、双代号网络计划技术的数学模型 (CPM 算法) 具有逆向计算程序, 且该模型存在系统结构不相容的缺陷和错误[1-4], 本文称为传统网络计划。针对单、双代号网络存在的问题, 作者以系统科学为指导, 以图论和网络作为数理分析的依据, 引入符号学理论, 在继承和吸收了传统网络全部研究成果的基础上, 经过十多年的潜心研究, 建立了网络计划技术的专门基础理论——结构符号网络计划理论/网络计划理论。应用该理论, 作者提出了一种新型的网络计划方法——结构符号网络计划技术, 通常称为 BANT 计划。结构符号网络计划具有横道图 (bar char) 的优点; 配上数轴 (axis) 后, 不需要进行计算, 就可以直接定量绘制网络计划曲线 (network diagram); 不需要进行计算, 就可以依据定量网络计划图直接进行网络计划的优化和控制, 可见定量结构符号网络计划是典型的时标网络计划 (time-coordinate-network), 这是 BANT 计划的由来。

网络计划技术产生与发展的历史表明, 传统网络计划没有建立自己的基础理论。因此, 作者提出了网络结构符号学和项目管理软件工程学, 前者是网络计划设计、优化和控制应遵循的一般原理、概念体系和方法论; 后者是项目管理软件开发应遵循的基本方法和规则, 二者统称为结构符号网络理论[5]。BANT 网络计划技术的成功设计证明了网络结构符号学的正确性, BANT 计划软件的成功开发则证明了项目管理软件工程学的正确性[5]。

2. 结构符号网络计划技术软件

网络计划技术是项目管理软件开发的支撑技术。以单、双代号网络为支撑的软件称为传统项目管理软件; 以结构符号网络计划 (或 BANT 网络) 为支撑的软件称为结构符号网络计划技术软件, 通常称为 BANT 项目管理软件。《BANT 网络计划技术软件》(简称 BANT 2.0 软件) 和《BANT–BCWP 1.0 项目管理软件》(简称 BANT–BCWP 1.0 软件) 都具有自主知识产权, 其软著登记号分别为 2006SR16222 和 2007SR15792, 二者都是自主创新的商业版软件。其中, BANT–BCWP 1.0 软件凝结了 BANT 项目管理软件的核心技术。

在文献 [5] 中, 将具有独立结构因而具有独立物理意义的图形符号称为网络结构符号。不同的结构符号构成不同的网络计划曲线, 而不同的结构符号具有不同的特性与功能, 因此其构成的网络计划曲线也具有不同的特性与功能。网络计划技术产生与发展的过程就是结构符号产生与发展的过程。所谓结构符号化就是要做好两件事: 一是赋予网络计划技术以确定的结构符号, 二是解决结构符号之间构图的相容性。实现了结构符号化的网络就具有了时标网络的表达方式。BANT 计划软件实现了结构符号化, 从而具有时标网络的功能; 美国 P3 软件没有实现结构符号化, 故没有时标网络的功能。BANT–BCWP 1.0 软件是世界上第一个能够绘制时标搭接网络的项目管理软件, 其成功开发对我国研制具有自主知识产权的项目管理软件具有重要意义。

作者依据网络计划理论设计了结构符号网络计划 (或 BANT 计划) 并成功开发了 BANT 网络计划技术软件, 从而证明了网络计划理论的正确性。网络计划技术软件是项目管理软件的开发基础和内核。在 BANT–BCWP 1.0 软件基础上增加了资源和费用开发的软件就是 BANT 3.0 软件。BANT 3.0 软件克服了美国 P3 软件存在的系统结构不相容的问题, 是对已经获得自主知识产权的 3 个软件综合开发的结晶, 凝聚了 BANT 项目管理软件的核心技术, 表 7.1.1 表明了这一点。

表 7.1.1　BANT 3.0 软件和美国 P3 软件的比较

	比较内容	BANT 3.0 软件	美国 P3 软件
1	是否存在系统结构不相容的错误	不存在	存在
2	是否具有时标计划	有	没有
3	是否具有逻辑相容辨识功能	有	没有
4	是否具有定量相容辨识功能	有	没有
5	是否具有时差优化功能	有	没有
6	是否具有系统层次结构功能	有	没有

7.1.2.2　传统项目级管理软件及其存在的问题

进度计划管理功能、资源管理功能、费用管理功能是项目级软件的主要功能。美国 P3 软件就属于项目级项目管理软件。

由于历史的原因, 传统网络计划的曲线模型没有实现结构符号化, 其数学模型是按照线性模型设计的, 这些都是美国 P3 软件存在错误与缺陷的理论原因。

美国 P3 软件存在的主要问题包括以下几个方面。

(1) 存在系统结构不相容的错误。时间具有不可逆性是科学前沿划时代的研究成果。普里戈金以复杂性的视角重新认识了时间。时间不仅贯穿于生物学、地质学和社会科学之中, 而且还贯穿于微观层次和宇观层次之中, "在所有层次上, 在每个领域, 自组织、复杂性和时间都起着一种新的意想不到的作用[6]。" 对这种不可逆过程的研究是耗散结构理论重新发现时间本质规律的关键。项目管理软件是以时间作为龙头进行规划和控制的软件, 而网络计划技术是其支撑技术。网络数学模型是以时间参数描述系统生命周期的, 它必须遵循前沿研究关于时间具有不可逆性的结论。单代号网络计划是美国 P3 软件开发的理论支撑。CPM 画法和 CPM 算法是单代号网络计划的计划曲线模型和计划数学模型。由于历史发展的原因, CPM 算法具有逆向计算程序, 这是一种时间的反演程序, 它有悖于科学前沿关于时间的研究成果, 是违背哲学关于时间认识的[3]。因为 CPM 算法存在系统结构不相容的错误, 而 P3 软件是按照 CPM 算法进行开发的, 故传统项目管理软件也存在系统结构不相容的错误。

(2) 没有时差优化功能。项目计划的优化是项目管理软件必须具有的基本功能。但是, 美国 P3 软件恰恰就没有项目计划的优化功能。为什么呢? 在 CPM 算法中, 式 (7.1.1) [或式 (7.1.2)] 是传统网络时差体系的核心数学表达式, 即

$$TF_i = LS_i - ES_i \tag{7.1.1}$$

或

$$TF_i = LF_i - EF_i \tag{7.1.2}$$

在式 (7.1.1) 和式 (7.1.2) 中, LS_i 和 LF_i 称为最迟必须时态参数; ES_i 和 EF_i 称为最早时态参数。在文献 [1] 和 [2] 中, 不仅指出 CPM 算法是线性分析的产物, 而且从不同的角度定量揭示和论证了 CPM 算法计算出的最迟必须时态参数是错误的。因此, 传统网络时差体系随之崩溃[3]。传统 P3 系列软件没有 (或不能开发) 时差功能也反过来证实了 CPM 算法计算的最迟必须时态参数 (LS_i 和 LF_i) 是错误的结论。

(3) 没有相容辨识功能。项目管理软件在分析同一问题时, 计算出的相关时间参数必须具有相容性, 并且应具备判别这种相容性的功能即相容辨识功能。P3 软件在单个项目计划的编制与控制中, 没有逻辑相容辨识功能、存在最早时态参数 (ES_i 和 EF_i) 和最迟必须时态参数 (LS_i 和 LF_i) 的不相容性; 在项目计划与子项目计划 (或系统与子系统) 的编制中, 没有 (或不能开发) 子项目计划与子子项目计划之间的相容辨识功能, 这是因为 "P3–WBS 编码结构" 是非结构性的, 不能反映子项目计划与子子项目计划之间的涌现性。CPM 算法存在的系统结构不相容的错误是 P3 软件没有相容辨识功能理论原因[7]。

(4) 没有时标网络功能。单代号网络表示工作的绘图符号 "○·ⓘ———▶" 在时间轴上的投影为一点; CPM 画法没有实现网络结构符号化, 这是 P3 系列软件不能开发时标计划功能的理论原因。

7.1.2.3 传统企业级管理软件及其存在的问题

由于我国项目管理软件开发起步较晚, 涉足企业级项目管理软件开发的企业也微乎其微, 因此目前国内企业级项目管理软件高端市场几乎由国外企业垄断。传统企业级项目管理软件存在的主要问题有两个方面。

(1) 传统企业级项目管理软件具有传统项目管理软件存在的错误和缺陷。这是因为, 传统企业级项目管理软件是在传统项目管理软件的基础上开发的。例如, P3E/C 软件和 P6 软件都是在 P3 软件的基础上开发的, 其核心技术没有任何改变。

甲骨文公司 (Oracle 公司) 在 2008 年将 Primavera 公司收购后, 以 Oracle 公司的名义推出了原 Primavera 公司开发的一系列项目管理软件产品 (例如 P3、P3E、P3E/C、P6 以及 P6EPPM), 本书统称为 P3 系列软件。为了消除 P3 系列软件的影响, Oracle 公司对其项目管理软件的名称做了大幅度的调整。但是无论如何变化, P3 系列软件都是在美国 P3 软件的基础上开发的, 其核心技术没有改变。

(2) 传统企业级项目管理软件没有形成整体发展战略层面的项目管理模式。传统企业级项目管理软件目前的开发大部分属于项目层面的内容, 而企业整体发展战略层面的开发则很少, 可以说, 在理论研究上还没有形成企业整体发展战略层面的项目管理模式。Oracle 公司发布的 Oracle Primavera 系列产品即 P3 系列软件简介可证明这一点。

7.2　企业信息平台

7.2.1　企业信息平台的定义

物质、能量和信息是人类社会的 3 大要素, 其中, 信息是当代社会生产力出现飞跃的新质。信息平台是现代企业运营需要的生态环境, 是各种计算机软件综合集成的协同系统, 它应实现多个建设项目的工程项目管理, 称为企业信息平台。企业信息平台自主存在、独立运行, 为建设项目的运营提供正向的生态环境, 具有获取信息和应用信息的功能。

企业信息平台应利用现代信息技术改进企业的业务流程和组织结构, 通过信息资源的深入开发和利用, 来提高经营管理和决策的水平和效率, 进而提升企业经济效益和企业竞争力。大数据和大数据集成是精髓, 企业信息平台应把建设项目的设计、制造、财务、采购等各个环节集成起来, 使信息和资源共享, 有效地支撑经营决策, 达到降低库存、提高生产效能和质量、快速应变的目的。企业信息平台应是一个协同平台, 它应体现以下主要内涵。

(1) 企业信息平台应和企业的各个相关部门相连通, 形成一个有权限的企业神经中枢。

(2) 企业信息平台不仅应能够获取企业技术部门的技术信息, 并且还要能够向相关的部门发送相关信息, 从而使自己成为企业的技术信息中心。企业的概预算部门、质量安全部门是技术信息中心的两个主要部门。

(3) 建设项目是企业信息平台管理的对象, 除了具有内部的管理功能外, 它还应具有远程控制的功能, 施工现场的进度、质量、安全监控和上传施工现场的相关资料是企业信息平台的常规工作。

7.2.2　企业信息平台的类型及其功能结构

7.2.2.1　企业信息平台的类型

按照获取数据信息的方式可以将企业信息平台划分为 BANT 企业信息平台和 BIM 企业信息平台。

(1) BANT 企业信息平台是通过企业内部的管理和 BANT 计划技术来获取数据信息, BANT 计划管理是其管理模式。

(2) BIM 企业信息平台是通过建设项目的 BIM 设计来获取数据信息, BIM 工程项目管理是其管理模式。

国内外 BIM 技术的研究进展表明, 实现大中小建设项目的 BIM 设计还尚为遥远, 而特大型的建设项目 BIM 设计现状也不容乐观。BIM 图形数据的源头在设计。在较长的时期里, 既然设计不能为我国大中小型建设项目提供 BIM 设计, 我们就不能坐等, 而要积极进取。因此, 作者提出了 BANT 企业信息平台的方案作为 BIM 信息平台的过渡方案。作为过渡方案, 计划工具的不同是 BANT 企业信息平台与 BIM 企业信息平台的实质性区别; BANT 计划是前者的计划工具, 而 BIM 管理计划则是后者的计划工具——再说得具体一点, 在 BANT 企业信息平台中不能绘制 3D 图, 在 BIM 企业信息平台中则能够绘制 3D 图, 而二者的计划曲线都是相同的, 即都是结构符号网络计划。

7.2.2.2　企业信息平台的功能结构

项目规划编辑器和项目管理控制器是企业信息平台的主要功能结构。

1. BANT 企业信息平台及其功能结构

(1) BANT 项目规划编辑器。在企业信息平台上可以利用 BANT 计划对多个建设项目进行规划, 为此目的开发的编程软件称为建设项目 BANT 企业信息平台项目规划器, 简称 BANT 项目规划编辑器。BIM 项目规划编辑器主要与企业的经济技术部门连接, 例如概预算、采购部门等。

(2) BANT 项目管理控制器。在企业信息平台上可以利用 BANT 项目管理软件对建设项目进行进度、费用、质量等的控制, 为此目的开发的编程软件称为建设项目企业信息平台 BANT 项目管理控制器/BANT 项目管理控制器。在 BANT 项目管理软件中, 该控制器主要体现为软件的费用和质量控制功能。BANT 项目管理控制器主要与企业的概预算、质检安全部门连接。

BANT 计划及其相关的资源和费用曲线、质量控制曲线和赢得值曲线统称为 BANT 项目管理曲线。定量分析和生成 BANT 项目管理曲线应是 BANT 项目管理控制器开发的重点。

BANT 项目规划编辑器和 BIM 项目规划编辑器统称为企业信息平台建设项目的规划器/项目规划编辑器。

2. BIM 企业信息平台及其功能结构

(1) BIM 项目规划编辑器。可以利用 BIM 管理计划对多个建设项目进行规划, 为此目的开发的编程软件称为建设项目 BIM 企业信息平台项目规划器/BIM 项目规划编辑器。BIM 项目规划编辑器应与企业的经济技术部门连接, 例如概预算、采购部门等。能够读取 BIM 数据库的相关数据是 BIM 项目规划编辑器开发的重点。

(2) BIM 项目管理控制器。在 BIM 企业信息平台中, 将 BIM 管理计划及其相关的资源和费用曲线、质量控制曲线和赢得值曲线统称为 BIM 项目管理曲线。为生成 BIM 项目管理曲线开发的程序称为 BIM 企业信息平台项目管理控制器/BIM 项目管理控制器。BIM 项目管理曲线的定量分析应是 BIM 项目管理控制器开发的重点。BIM 项目管理控制器主要与企业的概预算、施工和质检部门连接。

BIM 项目管理控制器和 BANT 项目管理控制器的实质性差异是: 前者能够绘制 3D 图, 后者不能绘制 3D 图。因此, BIM 项目管理控制器必须能够读取 BIM 数据库的相关数据。

BANT 项目管理控制器和 BIM 项目管理控制器统称为企业信息平台建设项目的控制器, 简称项目管理控制器。

7.2.3　企业信息平台的意义

企业信息平台的意义主要表现为:

(1) 企业信息平台是获取建设项目数据的有效途径。当前, 缺乏有效的手段和方法对项目数据进行采集和分析的问题, 已经成为企业应用项目管理软件的拦路虎。当中小型建设项目尚未能实现 BIM 设计时, BANT 计划企业信息平台是解决这个问题较好的手段; 当中小型建设项目能实现 BIM 设计时, BIM 企业信息平台则成为解决这个问题的最佳手段。

(2) BIM 企业信息平台和 BANT 企业信息平台都是多个建设项目计划管理的概念, 解决的是多个建设项目的项目管理问题, 其价值表现为各自的自主独立存在和独立运行。

(3) 企业信息平台的运行方式灵活多元: 当建设项目不能提供设计源头的 BIM 图形数据时, 可以采用 BANT 企业信息平台进行正常运行, 一旦提供了建设项目的 BIM 设计, 就可以获取 BIM 图形数据运行 BIM 企业信息平台; 另外, 还可以同时利用 BANT 企业信息平台和 BIM 企业信息平台对同一个建设项目提供数据支持。

7.3　BIM 企业信息平台

7.3.1　BIM 企业信息平台的定义

企业信息平台是一个系统集成软件的概念, 用来解决多项目的建造管理。依据国际上和作者提出的 BIM 定义, 建筑信息模型具有获取信息和应用信息的功能, 再引入企业信息平台, 则称为基于企业内部管理的建设项目建造的 BIM 协同管理信息平台/BIM 企业信息平台。BANT 3.0 软件和 BIM 管理计划是 BIM 企业信息平台的核心技术, 大数据、大数据集成是其精髓, 利用现代计算机技术改进企业的业务流程和组织结构, 通过对信息资源的深入开发和利用, 来提高经营、决策的水平和效率, 提升企业经济效益和企业竞争力。

BIM 企业信息平台应把建设项目的设计和建造、财务和采购等环节集成起来, 使信息和资源共享, 有效支撑企业的经营决策, 达到降低库存、提高效能和质量、快速应变的目的, 这是一个关于软件集的概念, 是一个协同平台, 它为建设项目的运营提供正向的生态环境。

BIM 企业信息平台是企业建设项目建造的信息平台, 其本质和任务是获得建设项目的大数据并进行集成处理, 实现企业建设项目建造的整体规划, 实现工期和质量、进度和成本的综合控制, 实现在建设项目建造全过程中各参与方 (例如业主、设计与监理等) 的协同管理。

7.3.2　BIM 建造工作站

企业信息平台是关于多个建设项目计划管理的概念, 解决的是多个建设项目的项目管理, 它自主存在, 独立运行。作者提出了一个联系企业信息平台和 BIM 数据库的工作机制——BIM 企业信息平台建设项目建造管理工作站/BIM 建造工作站。在该工作机制下, 当不能提供建设项目的 BIM 设计时, 企业信息平台可以采用 BANT 企业信息平台进行正常的运行; 一旦提供了建设项目的 BIM 设计, 就可以按照 BIM 企业信息平台运行。

在建设工程建造阶段, 建设项目可建造性的论证, 施工控制方案、监理控制方案的制定和优化会产生许多新的信息和资料; 在施工计划的实施中, 会产生较多的 BIM 新生数据。BIM 建造工作站首先应为企业的多项目管理服务, 通过采集、整理和保存各个项目的数据, 使施工有序化、规范化和标准化; 同时, BIM 建造工作站应能够读取 BIM 数据库的数据。因此, BIM 建造工作站应具有下面几个基本功能。

(1) 能够采集、上传 BIM 新生数据。BIM 新生数据可以分为两类: 一是与设计相关的变更的数据; 二是反映建设项目造价却与设计变更无关的 (例如施工中实际发生的费用等)、但对施工有指导意义的数据。BIM 建造工作站应当具有采集、上传 BIM 新生数据的功能。

(2) 能够保存工程进度的数据及相关存档资料。这些数据和存档资料应能够自动进行传输和分配。

(3) 能够保存工程质量的数据及相关存档资料。同样, 这些数据和存档资料也应能够自动进行传输和分配。

(4) 能够从 BIM 数据库读取数据。对于 BIM 数据库, BIM 建造工作站是一个数据中转站。BIM 建造工作站所需要的主要数据是建设项目的物理几何数据和元素的物理特性数据。物理几何数据主要是建筑构件的材料、质量、重量、数量、价格以及产地等; 元素物理特性数据主要是周期数据, 包括元素周期 (持续时间 D_i) 和子元素周期; 资源数据主要是资源强度、资源需用量和资源限量; 费用数据主要是元素和子元素的正常费用等。

(5) 能够正确分配 BIM 中转数据。从 BIM 数据库读取的部分数据可能还需要整理后才能作为中转的数据, 称为 BIM 中转数据。应保证这些数据能够自动分配给建设项目中的相关元素和子元素。

BIM 建造工作站应着重点开发下面两个基本功能。

(1) 建设项目可建造性的论证。为实现此论证, 应建立 BIM 建造工作站与 BIM 数据库的联系, 尽可能地利用 BIM 数据库的资料, 在此前提下建立 BIM 建造工作站自身的相关资料。例如, 模型 LOD 标准、企业级 BIM 标准等。从这个意义上讲, BIM 建造工作站是建设工程建造阶段的资料汇集站。

(2) BIM-3D 图的绘制。根据施工控制方案关于施工进度的设计, 应能够绘制规定时刻的 BIM-3D 图。

从上面 BIM 建造工作站具有的基本功能可以看出: 第一, BIM 建造工作站是 BIM 企业信息平台的资料汇集站和数据中转站。第二, BIM 建造管理工作站本质上是一种共享软件。不论建设项目是否提供了设计源头的 BIM 图形数据, BIM 建造工作站都具有数据的保存功能和数据的分配功能; 一旦提供了设计源头的 BIM 图形数据, 就可以通过 BIM 数据库读取相关的 BIM 图形数据。

在 BIM 企业信息平台中, 从 BIM 数据库中读取 BIM 中生命周期子系统需要的数据, 中转于 BIM 建造管理工作站, 就可以随时取用; 同时, 可以采集、整理建设工程建造阶段产生的 BIM 新生数据, 为施工管理备用。因此, BIM 建造工作站是一个很好的创意。

7.3.3 BIM 企业信息平台的两种构成方式

目前, 我国尚不能开发 BIM 模拟图形核心建模软件。一般大、中、小型建设项目都不能提供 BIM 设计。根据这一现状, 作者提出了 BIM 企业信息平台的如下两种构成方式。

(1) 独立的 BIM 企业信息平台。这是理想的方式, 它由 BIM 企业信息平台和 BIM 建造工作站构成。

(2) 组合的 BIM 企业信息平台。这是向理想方式过渡的方式, 它由 BANT 企业信息平台、BIM 企业信息平台和 BIM 建造工作站构成。

7.4 结语

(1) 企业信息平台是一个关于软件系统 (或软件集) 的概念, 它的产生与企业级项目管理软件存在发展的内在联系。另外, 企业信息平台的开发与网络计划密切相关。

(2) BIM 企业信息平台和 BANT 企业信息平台是企业信息平台的两种类型, 通过 BIM 建造管理工作站可以将二者联系起来。

(3) BIM 工程项目管理、BIM 建造管理和 BIM 企业信息平台是现代企业管理的3 个重要的理论。其中, BIM 工程项目管理是 BIM 生命周期的管理理论, BIM 设计软件、BIM 建造管理软件和 BIM 物业运营软件是其代表性软件工具; BIM 建造管理是 BIM 中生命周期的建造理论, BIM 项目管理软件是其核心软件, 而 BIM 管理计划软件则是其内核; BIM 企业信息平台是企业建设项目的管理理论, 以 BIM 管理计划软件为核心的系统集成软件是其软件工具[8]。这 3 个重要的管理理论各自存在、相对独立运行, 而结构符号网络计划技术是其开发的重要技术支撑之一。

参考文献

[1] 任世贤. 单、双代号网络算法系统结构不相容的揭示. 系统工程理论与实践, 1995, 15(4): 1-9.

[2] 任世贤. 传统网络总时差计算方法的商榷. 系统工程理论与实践, 1997, 17(11): 130-140.

[3] 任世贤. CPM 算法逆向计算程序错误的原因. 系统工程理论与实践, 1999, 19(7): 45-51.

[4] 任世贤. 网络系统运行过程机理的研究. 中国科学基金, 2001, 15(2): 88-94.

[5] 任世贤. 工程统筹技术. 北京: 高等教育出版社, 2016: 40.

[6] 伊·普里戈金, 伊·斯唐热. 从混沌到有序. 曾庆宏, 沈小峰, 译. 上海: 上海译文出版社, 1987, 43-49.

[7] 任世贤. 论网络时差//中国工程院. 2009 中国工程管理论坛论文集. 2009: 171-175.

[8] 任世贤. 现代企业管理的三个重要工具. 任世贤的新浪博客, 2018. 11.

第 8 章　BIM 项目运营软件和物业 BIM 项目运营软件

8.1　BIM 项目运营

8.1.1　BIM 项目运营的基本概念

建设项目 BIM 后生命周期子系统的管理称为 BIM 项目运营。当建设项目的竣工资料移交给政府的相关部门并成功进入市场后，建设项目投资业主的使命就完成了，此时建设项目的管理者具有了新的内涵，称为物业运营业主[1]。这也就是说，建设项目的市场功能显现标志着 BIM 项目运营开始，标志着建设项目投资业主不复存在，物业运营业主应运而生。同时，建设项目具有了商品的价值，称为物业工程，这是物业运营业主控制的资源，它由物业工程自身，物业工程的人文价值、功能价值等构成，称为 BIM 项目运营资源。在运营阶段，建设项目管理的内容和方式发生了根本性的变化，自行管理、委托管理和信托管理是 BIM 项目运营的 3 种类型；保值和增值是物业工程运营的目标。于是，建设项目完成了从建筑产品到建筑商品的蜕变。

8.1.2　BIM 项目运营类型的划分

BIM 项目运营包含维护和运营两个方面的内容。维护是对物业工程质量的保障、安全的保卫；运营是利用物业工程的社会功能和文化功能进行的商业运作，增值是其目的。物业运营业主是 BIM 项目运营的主体。BIM 项目运营可以划分为自行管理类型、委托管理类型和信托管理类型 3 种。

8.1.2.1　自行管理类型

自行管理类型就是物业业主自己管理的物业工程，这是 BIM 项目运营的基本类型之一。城市住宅小区、居民小区是指以住宅为主并配套有相应公用设施及非住宅房屋的居住区，通常称为小区。规划的统一性、住宅形式的多样性、小区功能的多样性、房屋产权的多元性以及小区的现代社会性是小区的特点。

小区物业运营业主通常称为业主，物业运营业主委员会是业主的集体组织，通常称为业主委员会。业主委员会和业主是自行管理类型的主体。例如，城市的私人收藏博物馆多采用自行管理类型。

8.1.2.2　委托管理类型

委托管理类型就是物业运营业主把物业工程委托给第三方管理，这是物业运营的又一基本类型。物业运营公司是物业运营业主委托管理首选的第三方。物业运营公司是独立的企业法人，提供物业运营服务。在我国，物业运营公司具有某些行政管理的特殊职能，例如对物业工程负有安全保卫的责任等。因此，它是现阶段城市现代化建设的重要组成部分。

物业项目运营业主自行管理和物业项目运营业主委托管理是 BIM 项目运营的两种基本类型。在同一物业工程的实际管理中，这两种基本类型经常是同时使用的。例如，对于大型的博物馆，可以把安全保卫委托给物业运营公司，而专业性较强的部分则由物业运营业主自己管理。

8.1.2.3　信托管理类型

信托是一种金融制度，也是一种理财模式，它具有法律效应。物业运营业主把物业工程按照信托模式委托给受托人就是信托管理类型。例如，将废弃的大型工业厂房按照信托模式委托给受托人，委托人希望该场地作为受益人前卫绘画艺术的创作基地和展览场所；受托人依据物业运营业主信托管理合同对受益人进行实效考核和监督，实现委托人的期望。

8.1.3　BIM 项目运营的社会功能和文化功能

一般的物业小区都有房屋和配套设施的维护、门卫值岗、车辆停放、环境绿化等基本的服务，有常规的社团活动、体育文化活动等，这些都是物业小区社会功能和文化功能的表现。

这里，物业运营的社会功能和文化功能主要是指图书馆、博物馆、美术馆、体育馆这样的公益物业工程所具有的特定的社会功能和文化功能。这些公益物业工程具有专业管理的特性，其专业管理的特性决定了其社会功能和文化功能。例如，图书馆专业管理的特性决定了其特定的营销管理理念，决定了其管理体制、管理制度和管理方法上的人文特性，决定了图书馆管理人员职业能力评价标准和人才的培养体系。

8.1.4　BIM 项目运营软件

利用建设项目设计阶段获得的数据和建造阶段的相关资料，应用 BIM 项目运营理念开发的软件称为 BIM 项目运营软件。BIM 项目运营软件可以划分为自行管理类型、委托管理类型和信托管理类型 3 种，3 种类型都应当开发好其专业性，充分反映其社会功能和文化功能。BIM 项目运营软件是物业运营阶段有效的管理工具。

BIM 项目运营软件属于后生命周期子系统软件。BIM 项目运营软件是 BIM 软件的特定类型，属于 BIM 工程项目管理的范畴，属于服务管理型软件。

8.1.5　BIM 项目运营理论

建设项目运营阶段软件的开发与管理理念称为 BIM 运营理论。在设计和建造阶段，BIM 数字工程和 BIM 技术都独自发挥了作用，但在项目运营阶段则只有 BIM 数字建造发挥作用，建设项目改变为物业工程，物业运营业主取代了建设项目投资业主是其内在根据。BIM 项目运营软件是利用 BIM 设计阶段和建造阶段获得的数据, 并应用 BIM 运营理论内涵开发的, BIM 数字建造是其开发的支撑技术。物业工程、物业运营业主、BIM 项目运营、BIM 项目运营资源、BIM 项目运营类型、BIM 项目运营软件等概念的理论内涵构成了 BIM 运营理论。

8.2 物业 BIM 项目运营

8.2.1 物业 BIM 项目运营的基本概念

1. 物业

"物业"一词译自英文单词"property"或"estate", 其含义为财产、资产、地产、房地产、产业等。该词自 20 世纪 80 年代引入国内, 现已形成了一个完整的概念: 物业是指已经建成并投入使用的各类房屋及其与之相配套的设备、设施和场地 (参考百度百科)。在本书中,物业除了其原始的意义外,还具有商品特性和领域特性。物业 BIM 项目运营软件面向智慧建筑、智慧城市、政务数据、3D 打印、机器人制造等物业领域,揭示这些物业领域的商品价值则是物业 BIM 项目运营软件开发的宗旨。其中, 机器人软件、3D 打印软件、政务数据软件等均是专用的物业 BIM 项目运营软件。

2. 物业 BIM 项目运营

物业项目是建设项目商品价值的产物, 建设项目的市场功能显现标志物业项目的产生。物业项目的产生令建设项目投资业主失去主导地位, 物业项目运营业主应运而生。具有一次性是项目的鲜明特性, 物业项目也具有此鲜明特性; 同时, 物业项目运营还具有这样的显著特性: BIM 数字建造成为物业项目运营的新理念和新技术。物业项目软件的开发和物业项目管理称为物业 BIM 项目运营。

8.2.2 物业 BIM 项目运营软件

20 世纪 90 年代出现的数字设计目前不仅已经进入了工程建筑、文学美术、互联网等涉及视觉设计的行业, 而且正快速进入科技领域, 例如机器人、3D 打印。数字技术是数字设计的本质。在 BIM 技术的背景下用数字设计实现某一物业领域 (例如数字建筑、智慧城市、政务数据、数字地球) 的理论方案在实际应用中体现为特定领域的管理模式和实施技术, 称为 BIM 数字建造理论和方法/BIM 数字建造。用数字设计获得的数据再现物业对象的虚拟图形和实现其建造是 BIM 数字建造的亮点与创新。

用 BIM 数字建造开发的软件称为 BIM 数字建造理论和方法软件 | 物业 BIM 项目运营软件, 如智慧建筑软件、政务数据软件。具有唯一性和命名的确定性是物业 BIM 项目运营软件的显著特点。例如, 智慧建筑软件应是某建设项目施工的物业专用 BIM 软件。又例如, 政务数据软件应是某政务项目管理的物业专属 BIM 软件。

8.2.3 BIM 软件和物业 BIM 项目运营软件的实质性区别

BIM 软件和物业 BIM 项目运营软件是本书涉及的两大系统软件, 统称为 BIM 两大系统软件。前者是作者研究的主要内容, 是建筑工程符号学最终落地的研究成果; 后者是本书涉及的研究内容, 其相关研究成果是结论性的。

BIM 软件主要由 BIM 建设项目设计软件/BIM 设计软件和 BIM 建设项目建造管理软件/BIM 建造管理软件构成。BIM 核心建模软件是 BIM 设计软件的核心软件; BIM 项目管理软件是 BIM 建造管理软件的核心软件, 而 BIM 管理计划软件则是 BIM 项目管理软件内核。

BIM 软件和物业 BIM 项目运营软件之间存在本质区别 (见表 8.2.1)。

表 8.2.1 BIM 两大系统软件的比较

	比较内容	BIM 软件	物业 BIM 项目运营软件
1	支撑理论	BIM 工程项目管理理论和方法	BIM 数字建造理论和方法
2	依托业主	建设项目投资业主	物业项目运营业主
3	核心软件	BIM 模拟图形设计软件和 BIM 管理计划软件	用 BIM 数字建造理论和方法开发的各个物业领域软件都是专用物业 BIM 项目运营软件, 故无核心软件之说
4	是否遵循 BIM 软件开发制式	BIM 模拟图形设计软件和 BIM 管理计划软件的开发遵循 BIM 软件开发制式	不存在 BIM 软件开发制式
5	是否配置有质量核查软件	在 BIM 模拟图形设计软件和 BIM 管理计划软件中都配置有相应的质量核查软件	不涉及配置质量核查软件的问题
6	模型类型及其物理本质	BIM 工程项目管理模型, 是一个关于 BIM 生命周期的概念	非 BIM 工程项目管理模型, 是一个非 BIM 生命周期全过程的概念
7	软件分类	3D-BIM 软件和 DT-BIM 软件	按照物业领域分类。例如: 3D 打印软件、政务数据软件
8	应用范围	具有通用性	具有唯一性和命名的确定性

对表 8.2.1 第 6 栏和第 7 栏作如下说明。

第 6 栏: BIM 工程项目管理是建设项目生命周期全过程的管理模型, BIM 数字建造是非生命周期全过程的管理模型。事物是一个向正向发展的时间过程。在本书中, 投资项目是关于 BIM 生命周期的概念, 故 BIM 软件是一个关于 BIM 生命周期的概念; 物业项目是非 BIM 生命周期的概念, 故物业 BIM 项目运营软件是非 BIM 工程项目管理理论和方法软件。

第 7 栏: BIM 核心建模软件和 BIM 管理计划软件是 BIM 软件的核心软件, 它们都配置有相应的质量核查软件。数据来自 BIM 设计和 BIM 数据库的建设项目在 BIM 前、中生命周期子系统的运行中遵循其核心软件及其配置质量核查软件。在 BIM 前、中生命周期子系统中, BIM 核心建模软件和 BIM 管理计划软件具有相容性。

具有唯一性和命名的确定性是物业 BIM 项目运营软件显著的特点。此显著特点决定了物业 BIM 项目运营软件不具有通用性。

从表 8.2.1 可以看出: BIM 工程项目管理属于基于建筑信息模型的理论体系, 是关于 BIM 生命周期全过程的概念, BIM 模拟图形设计软件和 BIM 管理计划软件是 BIM 软件的核心软件, 其开发都遵循 BIM 软件开发制式, 而物业 BIM 项目运营软件是一个非 BIM 生命周期全过程的概念, 它无核心软件之说, 故不具有 BIM 软件开发制式。由于 BIM 软件开发制式源于 BIM 逻辑机制, 所以是否具有 BIM 逻辑机制是 BIM 两大系统软件的实质性区别。

8.2.4 物业 BIM 运营理论

BIM 数字建造是基于数字设计的理论体系, 这是一个非 BIM 概念, 它由物业项目、物业项目运营、物业项目运营业主、物业 BIM 项目运营软件等概念的理论内涵构成, 称为物业 BIM 运营理论。物业项目运营阶段具有这样 3 个鲜明特性: 第一, BIM 数字建造成为物业项目运营的新理念和新技术; 第二, BIM 数字建造软件成为物业项目运营的核心工具; 第三, BIM 数字建造是物业 BIM 项目运营软件开发的支撑技术。根据 BIM 数字建造开发的软件具有唯一性和命名的确定性, 作者把按照物业 BIM 运营理论开发的软件命名为物业 BIM 项目运营软件。

8.3 结语

(1) BIM 软件和 BIM 运营理论。BIM 核心建模软件、BIM 建造管理软件和 BIM 项目运营软件是建设工程设计阶段、建设工程建造阶段和物业运营阶段的软件, 是 BIM 工程项目管理理论和方法软件/BIM 软件的代表性软件。应通过 BIM 数据库将建设项目的前生命周期和中生命周期联系起来, 用统一的数据源来规范二者各种信息的交流, 协同信息流的相容性, 保证信息流的畅通。

作者将 BIM 项目运营软件归属于 BIM 软件的范畴。

BIM 逻辑机制是 BIM 软件的开发机制。BIM 软件的开发应遵循 BIM 逻辑机制, 应解决好 BIM 模拟图形数据和 BIM 管理计划数据之间的相容性, 而 BIM 数据库是解决二者相容性的桥梁。当然, BIM 软件也遵循 BIM 工程项目管理理论和方法软件开发制式。

本章给出了 BIM 运营理论的如下定义: 建设项目运营阶段软件的开发与管理理念称为 BIM 运营理论。在设计和建造阶段, BIM 数字工程和 BIM 技术都独自发挥了作用; 但在 BIM 生命周期中的 BIM 项目运营阶段则只有 BIM 数字建造发挥作用, 建设项目改变为物业工程, 物业运营业主取代了建设项目投资业主是其内在根据。BIM 项目运营软件是利用 BIM 设计阶段和建造阶段获得的数据, 应用 BIM 项目运营的理论内涵开发的, BIM 数字建造是其开发的支撑技术。物业工程、BIM 项目运营、BIM 项目运营资源、BIM 项目运营类型等概念的理论内涵构成了 BIM 运营理论。

(2) 物业 BIM 项目运营软件和物业 BIM 运营理论。数字技术是数字设计的本质。BIM 数字建造理论和方法/BIM 数字建造是基于数字设计的理论体系, 在实际应用中具体体现为一种技术和管理模式。用 BIM 数字建造开发的软件称为 BIM 数字建造

理论和方法软件 | 物业 BIM 项目运营软件, 例如智慧建筑软件、政务数据软件。物业 BIM 项目运营软件是一个开放性概念, 它涵盖用 BIM 数字建造开发的各个领域的软件。物业 BIM 项目运营软件属于非 BIM 工程项目管理模型, 这是一个非 BIM 生命周期的概念, 它不具有核心软件, 故不具有 BIM 逻辑机制。

本章给出了物业 BIM 运营理论的如下定义: 用数字设计获得的数据再现物业对象的虚拟图形和实现其建造是 BIM 数字建造的亮点与创新。BIM 数字建造是基于数字设计的理论体系, 这是一个非 BIM 概念。应用 BIM 数字建造实现某一物业领域 (例如数字建筑、3D 打印、机器人制造) 的软件开发与管理理念称为物业 BIM 运营理论。物业项目、物业项目运营、物业项目运营业主、物业 BIM 项目运营软件等概念构成了物业 BIM 运营理论的理论内涵。

(3) BIM 两大系统软件。BIM 工程项目管理理论和方法软件 | BIM 软件和 BIM 数字建造理论和方法软件 | 物业 BIM 项目运营软件是本书涉及的两大系统软件, 统称为 BIM 两大系统软件。前者是作者研究的主要内容, 是建筑工程符号学最终落地的研究成果; 后者是本书涉及的研究内容, 其相关研究成果是结论性的。

(4) BIM 技术、BIM 数字工程和 BIM 数字建造是本书涉及的 3 个重要概念, 从表 8.3.1 给出了它们之间的实质性区别。从表中可以看出, BIM 技术和 BIM 数字工程依托建筑信息模型, 并且遵循 BIM 逻辑机制, 属于建筑信息模型, BIM 技术是 BIM 数字工程的外延; 而 BIM 数字建造则依托 BIM 技术, 并且不涉及 BIM 逻辑机制, 是非建筑信息模型。

表 8.3.1 BIM 技术、BIM 数字工程和 BIM 数字建造的实质性区别

	比较内容	BIM 技术	BIM 数字工程	BIM 数字建造
1	依托模型或技术	建筑信息模型	建筑信息模型	依托 BIM 技术
2	是否遵循 BIM 逻辑机制	遵循	遵循	不涉及
3	是否遵循质量核查理论	遵循	遵循	不涉及
4	相互关系	BIM 技术是 BIM 数字工程的外延		依托 BIM 技术

在 BIM 生命周期中, BIM 数字工程是建设项目模拟图形模型和获取其模拟数据的技术, BIM 技术是建设项目图形模拟设计数据的获取技术和建设项目管理计划多维模拟应用的技术。BIM 数字建造是特定领域的管理模式和实施技术, 用数字设计再现物业对象的虚拟图形是其亮点。

参考文献

[1]　任世贤. 简谈建设项目的业主. 任世贤的新浪博客, 2018. 9.

索　引